U0661677

RENSHI
HAIYANG
CONGSHU

刘芳 主编

# 海洋中
# 取之不尽的宝藏

时代出版传媒股份有限公司
安徽文艺出版社

**图书在版编目（ＣＩＰ）数据**

海洋中取之不尽的宝藏 / 刘芳主编. — 合肥：安
徽文艺出版社，2012.2（2024.1 重印）
（时代馆书系·认识海洋丛书）
ISBN 978-7-5396-3985-7

Ⅰ．①海… Ⅱ．①刘… Ⅲ．①海洋资源—青年读物②
海洋资源—少年读物 Ⅳ．①P74-49

中国版本图书馆 CIP 数据核字(2011)第 247528 号

**海洋中取之不尽的宝藏**

HAIYANG ZHONG QUZHIBUJIN DE BAOZANG

........................................................................................

出 版 人：朱寒冬
责任编辑：汪爱武                       装帧设计：三棵树    文艺

........................................................................................

出版发行：安徽文艺出版社    www.awpub.com
地　　址：合肥市翡翠路 1118 号    邮政编码：230071
营 销 部：(0551)3533889
印　　制：唐山富达印务有限公司    电话：(022)69381830

........................................................................................

开本：700×1000    1/16    印张：10    字数：169 千字
版次：2012 年 2 月第 1 版
印次：2024 年 1 月第 4 次印刷
定价：48.00 元

........................................................................................

# 前 言

约 35 亿年前,地球上第一抹生命的火花点燃于海洋之中。时至今日,海洋这一广阔无垠的水域依然是地球上最复杂多样的生物系统。大洋的无垠及其蕴藏的财富令人叹为观止,占地球表面积近 2/3 的巨大水域承载着太阳系中最为丰富多彩的生命群落。水下世界的浩瀚,令人心驰神往;海纳百川的博大,任想象力自由飞翔。

随着人口的激增、资源的匮乏和环境的恶化,人类在地球的生存与发展遇到了严重的危机。在危机面前,人们又把希望的目光转向了蔚蓝色的海洋。广袤无垠的海洋,覆盖了地球表面的 71%,是人类未来广阔的发展空间。海洋是生命的摇篮,交通的要道,风雨的源头,资源的宝库。

巨大的海洋,其体积有 13.7 亿立方千米,所以,与陆地相比,海洋是人类可以利用的更大的空间。由于陆地上的人口逐年增加,因而人类的居住环境也日见拥挤。科学家们设想,在广阔的海洋中建起海上城市、海底工厂甚至水下居住室、海底公园等,来改善人类的居住环境,使海洋成为人类的工厂和乐园。目前,在水下 900 米深处的钢屋也已建成。看来,未来的海洋就是人间的水下天堂。

向海洋进军,比起人类的另一个美好的梦想——向宇宙进军来说,具有更大的现实意义。因为她不仅为人类提供了最经济的交通方式,还给人类提供了丰富的食粮和巨大的资源。例如,目前全世界人口所消费的动物蛋白,有 15% 是来自海洋生物。海洋在控制气候方面也起到十分重要的作用,极大地影响着全人类的生活和生产活动。

一些生物学家认为,解决人类食物问题的最好方法之一,就是发展海产养殖业。海洋不仅给人类提供丰富的鱼虾贝蟹,还能提供大量的海藻资源。现在,人们已经能利用海藻制造出雪糕、蛋白质等食品,以及油漆、乳化剂和各种生物化学药剂。地球上每年的生物生产力约为1,540亿吨有机碳,其中,海洋生物生产力占了绝大部分,达1,350亿吨有机碳。

海洋是生命的摇篮,地球上的生命就是首先在海洋中诞生的。海洋是资源的宝库,她蕴藏着丰富的宝藏。自古以来,人们就向往着到那碧蓝的大海中去寻找幸福,到那晶莹的水晶宫中去探索其奥秘,去开发她那丰富的物产。

# 目 录 CONTENTS

# 唤醒沉睡在海底的宝藏

# 略识海洋

## 我们生存的世界

地球是我们人类的生存空间,这个空间非常大,没有人能真正走遍全世界。然而,如果从宏观的角度来审视这个世界,我们又发现这个空间却是如此的狭小。地球是一个半径为6,378千米的大球体。地球表面上大部分是海洋,陆地的面积还不到地球面积的1/3。此外,陆地上还有1/3的地方是沙漠,那里人类无法生存。60多亿的人口栖息在这不到地球1/5的面积上,人类感到太拥挤。于是,面对浩瀚的海洋,人类不得不重新思索他们的生存空间。

实际上,整个世界不是陆地包围海洋,而是海洋包围陆地,人类就生存在大大小小的岛屿之上。大的岛屿被称为洲或大陆,诸如众所周知的亚欧大陆、美洲大陆、澳洲大陆、非洲大陆等等,小的则被称为岛屿。

生存在这些大大小小的岛屿上的

人类决不甘于现状,他们正在千方百计地扩展自己的生存空间,设想建造更多的海洋结构物,让人类乔迁到更广袤的空间中去。

## 蓝色的国土

几百年的闭关锁国政策冲淡了中华民族的海洋意识,关于祖国的疆土,人们大多只知道我国有960万平方千米的陆地。教科书都这样写道,"我国地大物博,人口众多,有960万平方千米的土地……"。许多人并不明确,我

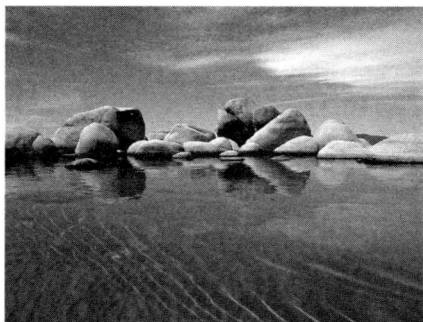

面对浩瀚的海洋,
人类不得不重新思索生存的空间

国还有 300 多万平方千米的海疆,那是我们可爱的蓝色国土。听到蓝色国土,也许人们会感到陌生,因为在此之前,他们听到大多的是"黑土地"、"黄土地"和"红土地"。

再看看日本。日本宣称自己也是大国,其依据是日本海疆的面积是日本陆地面积的 12 倍。日本在计算疆土面积时,取其陆地面积与海疆面积的总和。由此可见,日本人具有强烈的海疆意识。

浩瀚的海洋

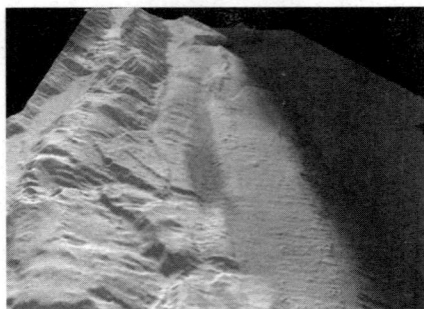

中间凹陷部分为印度洋大地震
给海床烙上的"伤疤"

随着人类海洋开发事业的发展,人类生存空间和资源空间也随之日益

扩大,海疆的概念也日益深入人心,人们越来越感受到海疆的重要,越来越意识到海疆关系到一个民族的未来。未来海疆的争夺将日趋激化,因为海疆既是蓝色的国土,也是一个巨大的资源空间。今天,人类正处在一个急剧变化的时代,第三次浪潮正在全世界风起云涌。新技术新思想层出不穷,信息在爆炸,知识在更新,人类对海洋的认识在日益加深,获取海洋资源的欲念比以往任何时代都更加强烈。海洋资源的获取往往会遇到海疆之争。一些国家间的海疆之争,例如日本同韩国的独岛(或竹岛)之争,西班牙和摩洛哥的佩雷希尔岛之争,表面上看是一个小岛之争,然而得到一个小岛,就同时得到了一大片海疆和海疆中的资源。所以海岛之争乃是疆土之争、资源之争。

我国海岸线长达 18,000 千米,我国的海疆面积比我国大陆面积的 1/3还要多。请记住,我们除了拥有黄土地、黑土地、红土地,还拥有 300 多万平方千米的海疆,那是中华民族神圣的蓝色国土!

## 蓝色公土的圈地运动

全世界有 1.09 亿平方千米的沿岸海域成为沿海各国的蓝色国土,然而,占地球面积 49% 的公海,却不属于任何一个国家,这是为世界各国所共同拥有的公土。公土包括两个部分:一是公海,二是国际海底区域。

公海也可以称为国际海域。根据《联合国海洋法公约》规定，公海是指"不包括在各主权国家的专属经济区、领海或内水，或群岛国的群岛水域内的全部海域"。

国际海底区域是指各国大陆架以外的海床、洋底及其底土。

公海具有极其重要的战略地位

蓝色的国土——海洋

公海中2.517亿平方千米的海底部分，是国际海底区域，由国际海底管理局管理，这个区域及其资源是"人类共同继承的遗产"，不能由任何国家占有。这也是世界上最大的一个政治地理区域，这一区域占全球水体面积的绝大多数，拥有全部海底资源的70%左右。它是地球上唯一一个尚未充分开发、由全人类共同管理的空间。

公海具有极其重要的战略地位，它拥有广袤的空间，蕴含着丰富的资源，它是人类潜在的、战略意义重大的自然资源。其中多金属结核资源约3亿吨，天然气水合物总量相当于陆地燃料资源总量的2倍以上，此外，还蕴藏着丰富的钴结壳、热液硫化物等矿产资源。

海底石油的储藏量约1,350亿吨，天然气140万亿立方米，海洋中可再生的能源理论储量1,500多亿千瓦。目前海洋提供的蛋白质占人类食用动物蛋白质的22%，海洋内含有特殊基因资源的深海生物达100万种。

许多国家为蓝色公土中丰富的资源所吸引，正在积极地发展海洋高科技，力图拥有海洋高科技，捷足先登，率先进入公海，一场蓝色公土的圈地运动正在全球紧锣密鼓地展开。为了避免走到餐桌前却早已没有席位的尴尬场面，我们必须奋起直追，加速中国海洋高科技发展的步伐。

## 海洋下的世界

我们站在地球仪前，看到的是一个表面光滑的世界。实际上，地球的表面并不光滑，而是高高低低，坎坷不平。地球上有高耸的山峰；有低陷的凹地；有断裂的山谷；还有绵延的丘陵。海底也是如此。海底并非是平坦的原野,而是一个高低不平,山峦起伏的世界,那里有许多高山、河流、丘陵和火山,还有各种动物和植物,是一个五彩斑斓的世界。

太平洋海底探测

最早的人类认为海是没有底的。随着人类对海洋认识的逐步深入,人们渐渐发现,海不仅是有底的,而且,海底并非一马平川,它像陆地那样千姿百态。大洋的海床比人类生存的陆地地形更为复杂,而且复杂得令人触目惊心。海底有大峡谷,叫海沟,最有名的马里亚纳海沟深达 1 万多米。假如把整座喜马拉雅山山脉从陆地搬走,然后扔进这个大峡谷,大峡谷都不会被填满。更令人惊异的是,大洋底还有一条独特的、长达数万千米的大山脉,它像一条巨蛇,蜿蜒穿过大西洋、太平洋、印度洋和北冰洋。由于它酷似海底巨大的"脊梁",科学家们称它为"大洋中脊"。

海洋中不仅有山脊、丘陵、峡谷,还有火山;不仅有山,还有河流。我国台湾省的东部,就有一条很大的洋流,一条巨大的暖海流从这里由南向北流

海底火山爆发

去。海洋的水流不仅在海洋的表面上有,在海的深层也有。我们常常听到的"巴西暖流"、"墨西哥暖流"、"台湾暖流",都是海洋中的河流。

海底是高低不平的,假设我们从大陆走到深海,要经过怎样的历程呢? 首先,我们要经过的是潮间带。潮间带是指涨潮时被海水淹没,落潮时又浮出水面的地带,这是大陆和海洋的分界带。接着,我们将走进大陆架。大陆架的水深通常在 200 米以内。与大陆相连的是大陆坡。大陆坡的坡度较大,一般在 $4°\sim7°$ 左右。大陆坡也并非平坦,有很大的起伏,大陆坡就处在大陆架与大洋之间。走过大陆坡后,你会发现一片比较平坦的地带,那就是大洋盆地。大洋盆地惊人的平坦,平均倾斜度还不到半度,面积也大得惊人,占整个海洋面积的 77.7%。当然,我们不可能不借助任何载体只身走进深海大洋,因为在到达大洋主体之前,我们会被海水的压力压得粉身碎骨。

海底地形特征主要参数一览表

| 名称 | 深度范围（米） | 平均深度（米） | 倾斜度 | 面积（$10^6$ 千米²） | 占海洋总面积(%) |
|---|---|---|---|---|---|
| 大陆架 | 0～200 | 约50 | 1°～2° | 27.5 | 7.6 |
| 大陆坡 | 200～2,500 | 1270 | 4°～7° | 38.7 | 11.9 |
| 大洋盆地 | 2,500～6,000 | 4,420 | 0°24'～0°40' | 283.7 | 77.7 |
| 海沟 | ＞6,000 | 6,100 | — | 11.2 | 2.8 |

## 海洋未必都是蓝色的

提起海洋，人们总会联想起蔚蓝色。其实，蓝色的海洋只是对大部分海洋而言，世界上的有些海，呈现的是其他颜色。全球的海洋是五彩缤纷的。同一个海域，在不同的深度，海的颜色是不同的，这是因为海水对投射到海洋中的太阳光的吸收与散射程度是不同的。此外，不同的海域，海的颜色是不同的。例如，我国的黄河带着大量的泥沙冲入东海，东海的水便黄里泛青，逐渐变为绿色；而在南海，海水是蔚蓝色的；在遥远的红海，由于那里的水下植物有许多是红色的藻类，于是海水呈现红色；在黑海，由

海底世界

于海水中长着成片褐色的藻类，于是海水呈现黑色；在北冰洋，海水呈现橄榄色。总之，海的颜色不仅取决于海水的深度，还与海洋中的生物密切相关。

在极深的海底，那里伸手不见五指。这是因为阳光在水中的衰减速度很快，当光线到达 100 米水深处，只剩 1% 左右。因此，水深1,700米以下，是一片漆黑的世界。

## 探测海深

早期的人类是如何测量海洋深度的呢？他们采用的是重锤法。重锤法十分简单：在一根很长的绳子的一端挂上一个重物，然后将重物放进海中，人们凭借自己的感觉和绳子的松紧程度来断定重物是否触到了海底，一旦重物触及海底，那么绳子入水的长度就是海水的深度。古人借助重锤法来测量水深，通常是两个人划着一艘小船，从船上利用绳子将一个重锤放进海水中。为了使重锤的比重加大，他们的重锤是用铅制成的，并在重锤的底部预制了一个空心，在空心部分塞满了油脂，以便能

粘住海底的泥沙。绳子每隔一段长度系上一个结，最后根据这些等长度的结数算出水深。在测量水深的同时，还对海底的土层有了一定的了解，真可谓一箭双雕。

海底探测器

但是，用重锤法测海深毕竟受到绳子长度的限制，而且还受到海浪、海流的影响，测量结果不是很准确，一般只能测量浅海区。随着科学技术的进步，特别是声学技术的发展，人们开始利用声波来探测海洋的深度。1911年，有位工程师发明了借助声脉冲测量水深的技术。这项技术是先将声脉冲发生器安装在一艘行驶的船上，声脉冲从船上传到海底必然发生反射，如果海很深声波反射回来的时间就很长；反之，声波反射回来的时间就很短。将发出声脉冲和接受到声脉冲的时间记录下来，知道了这个时间差和声脉冲在水中的传播速度，就可以很快计算出水的深度了。20世纪20年代，德国"流星"号考察船在南大西洋首次使用回声测深仪，以此来测量海底的地形。

近年来，美国科学家研制出一种新型的声呐导航探测仪。这种探测仪灵敏度很高，能探测到海床上哪怕仅仅几厘米高度的起伏状况，利用它，科学家可以探测许多人类尚未探测到的海底世界。

我国由北到南，有四大海域。在这四大海域中，渤海湾最浅，平均水深只有18米，最大水深也只有70米；黄海次之，平均水深44米，最大水深140米；东海略深，平均水深370米，最大水深2719米；南海最深，平均水深1212米，最大水深可达5559米。这些数据表明，我国的四大海域越向南水越深。我国拥有的大陆架是世界最宽的大陆架之一，黄海和渤海全部位于这个大陆架上。我国200米水深的大陆架面积为130多万平方千米。

除了在海上实测海洋的深度外，还有人热衷于这一问题的理论研究。曾有一位天文学家计算过海的深度，他的计算理论是根据潮水的涨落来计算海的深度，其计算结果是：海洋的最大深度为37,000米。不过，这个计算结果很快被事实推翻了。

## 山高还是海深

山高还是海深？让我们来看一组数据。世界海洋的平均深度不到4,000米；世界上最深的海区在太平洋，海深在10,013米左右；印度洋的最深处可达7,000米；大西洋的最大深度可达8,000多米。

深海海底

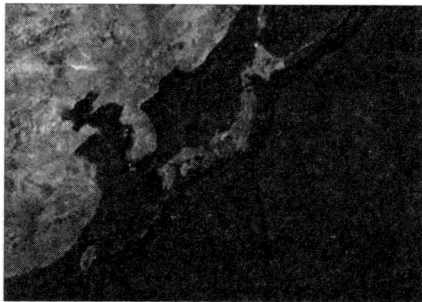
海沟示意图

我国周围的海域数南海面积最大,其面积为360多万平方千米,相当于30多个渤海那么大。南海不仅面积最大,而且是我国最深的海域。南海的深度远比渤海、东海深,它的平均深度为1,212米,最深的地方可达5,559米,比世界屋脊——青藏高原的平均高度还高。

海洋最深处大多位于海沟,它们分布在大洋或岛屿的边缘。世界上最深的海沟是位于太平洋西部的马里亚纳海沟,它长达2,550千米,宽约70千米。如果按一层楼的高度为3.5米计算,那么马里亚纳海沟的深度相当于3,000多层楼的高度,达11,000多米。上海的东方明珠、金茂大厦之高,举世闻名,但若与马里亚纳海沟相比,其高度还不足马里亚纳海沟深度的1/20。

多少年来,许多探险者都向往能来到马里亚纳海沟,后来有一艘名叫"曲斯特"的潜艇来到了1万多米水深的海底,是美国的海军上尉瓦尔什和小皮卡特乘坐的潜艇。瓦尔什和小皮卡特的名字将永远留在人类深海探险史上,因为他们是人类第一批打开这万米深渊大门的先驱。

在已经完成测量的诸多海域中,最深的海区是在菲律宾东面的海沟,其海深为11,515米。这是1962年英国"库克"号船的实测数据。如果以海平面为基准,世界最深的海底到海平面的距离要比世界上最高山峰的峰顶到海平面的距离多2,600余米。

人们常喜欢用"比山高,比海深"来表达自己的深厚感情,其实只要说"比海深"就够了,因为比海深就一定比山高。

## 谁涂改了世界地图

世界上有些小岛会在一瞬间被突然袭来的大浪吞没,岛上的万千生灵无一能够幸免,它们从此在世界地图上消失了。导演这幕人间悲剧的就是海啸。海洋灾难中最严重的就是海啸。

海啸主要是由海底地震、海底火山爆发、地陷或台风引起的。当海底发生地震时,海底地壳的剧烈变动促使水面的水位发生了巨变。与此同时,破裂处强大的地震波冲击海底,导致水体剧烈震动,由此在海面上引发大浪,大浪像一匹脱缰的野马奔腾不息,所到之处,屋毁人亡。除了地震外,台风也可以引起海啸。台风诞生于热带地区的洋面上,因为那里的天气酷热,热空气不断上升。热空气上升途中很容易形成旋转的空气旋涡,当这种旋涡大范围高速旋转时,就有可能形成台风。台风边旋转边向外移动,在万里洋面上形成巨大的海浪,威力很大,呼啸而过,能摧毁一切阻碍它前进的障碍物。

海啸

人们记忆最深的当属 2004 年末发生在印度洋的大海啸,那次海啸,有数十万生命被大海吞噬。

除海啸外,海平面的升高正威胁着一些岛国、沿海城市和乡村。由于现代工业的发展,煤炭和石油大量燃烧,排放的一氧化碳和二氧化碳等温室气体与日俱增,地球也开始一天天变暖。天气变暖带来了两大后果:一是导致了南极和北极冰川的融化,一些极地冰山架在解体;二是海水的温度也在升高,这将导致海水膨胀。这两大后果使海洋的平均水平面在不断上升。

海底世界的生物

在全球温室气体的排放量中,美国堪居榜首,它的温室气体排放量是全球的四分之一。据报道,近十几年来,海平面每年平均以 3.9 毫米的速度升高。由于工业化发展速度的不断提升,海平面的升高速度也在加速。据推测,如果人类不能有效地控制这一上升速度,那么到了 2050 年,全球的平均海面高度将再上升 0.3～0.5 米。届时美国的海岸线大部分将被海水淹没,我国东部沿海也将有一部分城乡被淹没。

全世界共有 30 多个岛国,印度洋中的马尔代夫就是由 2,000 多个珊瑚礁岛组成的国家,全国平均海拔高度只有 1.2 米。难怪马尔代夫总统哀叹道:"海平面逐渐上升,这意味着马尔代夫作为一个国家将消失在汪洋大海之中。"如果人类继续增加温室气体的排放,而不采取任何控制温室气体排放的有效措施,那么,马尔代夫总统的那句哀叹将会变为现实,海洋将涂改今天的世界地图。

## 海洋考古

美国有位著名的海洋考古学家,名叫巴拉德。早年他曾率领考察队在大西洋底发现过"泰坦尼克"号残骸。不久前,巴拉德在美国罗得岛大学开创了一个新的专业——海洋考古专业。该专业学制 5 年,2006 年,这个新专业招收了 5 名学生。巴拉德立志将海洋专业和考古专业结合在一起,创建一个新的交叉学科。

多少年来,多少人梦想去海底考古,然而,由于昔日的科学技术不够发达,人们很难进入深海海底,这项研究只能在近岸浅海中进行。目前全世界95%的海域尚未进行过考古勘测。

海洋考古引起举世关注。1984年,瑞典海洋考古协会、瑞典西部贸易工业协会等组织,在数以百计的志愿者以及瑞典海军的协助下,对"哥德堡"号进行了一次最大规模的探索,旨在解开有名的"'哥德堡'号沉船之谜"。什么是"'哥德堡'号沉船之谜"呢? 这要从 200 多年前欧洲与中国的海上贸易谈起。1731 年 6 月 14 日,瑞典成立瑞典贸易公司,开辟了亚洲

航线,每年有大量的船载着商品运往中国。瑞典的西南部有一个城市,名叫哥德堡。1732 年 3 月 7 日,一艘以城市名字命名的"哥德堡"号大型帆船扬帆起航驶向中国,揭开了瑞典东亚公司与中国贸易往来的序幕。"哥德堡"号是当时世界上最大的商贸船,也是瑞典人的骄傲。当年远隔重洋的瑞典人为什么热衷于远航对华贸易呢? 原因是巨额的利润吸引着瑞典商人,当时商船的航运贸易收入相当于瑞典全国的国民生产总值。

"哥德堡"号沉船留下的宝藏

1743 年 3 月 14 日,"哥德堡"号由瑞典哥德堡港起航,踏上第三次来中国的航程。1745 年 9 月,满载中国瓷器、茶叶和丝绸的"哥德堡"号返航途中,在距哥德堡港口仅 800 米的海域沉没了。"哥德堡"号的沉没原因,从此成了一个难以破解的谜。有人认为这艘船的设计有问题;有人认为是船长不愿意让船东知道自己到底从中国装了多少货物回来,或是为了避免海关的查验货物,因此故意让船触礁沉没;有人认为这其实是一次保险欺

"哥德堡"号复原图

诈，因为此船经历了几次来中国的远洋航行，快到了报废期，所以船员想扔掉船，骗得保险却又能保留货物，甚至传说船上的货物早已偷偷存放在英国；还有人认为两年多的艰苦航行就要结束了，船员们高兴之余，大肆庆祝，结果全体船员喝醉了酒，无法正确控制船的航线，最终导致触礁沉没。这就是有名的"'哥德堡'号沉船之谜"。"哥德堡"号沉没后，东印度公司又建造了"哥德堡Ⅱ"号商船，但是随后不久在南非附近沉没。在此后的200多年里，瑞典人一直惦念着这艘沉没在家门口的大船，并分别在1747年、1800年和1906年对它进行了三次小规模的打捞。在几次打捞中，打捞出大量的中国瓷器、茶叶、香料和丝绸，同时考古学家也在打捞出的物品

中发现了完整的船上设备和船员日记等珍贵物品。

随着不断地探察，人们发现，"哥德堡"号船体已经完全破碎，船身已经完全丧失了完整的结构，大量的碎片散落在数千平方米的海底。

200多年过去了，一代又一代瑞典人仍没有忘记沉没的"哥德堡"号，他们决定重建"哥德堡"号，让昔日的"哥德堡"号"起死还生"。为了实现这个伟大的计划，瑞典人不惜重金，从1993年开始，耗时10年，花了3,000多万美元，重新建造了一艘"哥德堡"号仿真帆船。

为了建造新的"哥德堡"号木帆船，瑞典人首先搜集了有关"哥德堡"号的历史资料，按比例制造了新"哥德堡"号的模型，并在水池中进行了模拟试验，对其性能进行了分析研究。通过水池试验，瑞典人确定了船型。有了船型仅仅是第一步，接着便是如何建造。瑞典人决定尽量采用18世纪的造船工艺，例如：到瑞典的森林中寻找、采伐与200多年前"哥德堡"号类同的木料，用传统的工艺制造船的龙骨、肋板。许多船用铁钉不用现代的生产方法，而是将铁棒烧红，经人工打铁制成。所有的船帆都是由瑞典妇女用手工缝制的。正因为绝大部分构件采用手工制造，所以其工作量十分惊人，建造周期达10年之久。新"哥德堡"号长41米，宽10.7米，高47米，排水量1,250吨。2003年6月6日，

新"哥德堡"号正式下水。

"哥德堡"号

新"哥德堡"号招募年轻的志愿者作为船员,并对他们进行训练。一切就绪后,"哥德堡"号开始了远航,其远航的路线与200多年前完全相同。2006年,"哥德堡"号乘风破浪来到了中国,受到了中国人民的热情欢迎。

古代的海上交通要道往往是沉船事故的多发地带。例如,地中海曾是古代世界最重要的海上交通、贸易要道,它引起许多海洋考古学家的关注,被海洋考古学家们称为古代沉船的宝库。

海洋考古事业将为人类进一步解读古代文明作出贡献,它必将得到进一步发展,以破解那些沉没在海底、隐藏在人们心头的历史之谜。

## 沉睡深海的"第八大洲"

我们生存的地球上共有七个大洲:亚洲、欧洲、非洲、南美洲、北美洲、大洋洲、南极洲。最近有个电视台播放了一个节目,讲的是人类已经找到了"第八大洲"。所谓"第八大洲",是

指传说中一个消失了1万多年的神奇大陆,它的名字叫亚特兰蒂斯。要弄清所谓"第八大洲"的始末,还得从柏拉图的名著《对话录》谈起。

亚特兰蒂斯城

公元前350年,古希腊哲学家柏拉图在《对话录》中写道:"1.2万年前,地中海西方遥远的大西洋上,有一个令人惊奇的大陆,它被无数黄金与白银装饰着,出产一种闪闪发光的金属——山铜。它有设备完好的港口及船只,还有能够载人飞翔的物体。"可是这个叫亚特兰蒂斯的地方极其富裕,利己主义盛行,人们贪图金钱和功名,并且生活奢侈。为此,"众神之神"宙斯大怒,以一场大地震令亚特兰蒂斯古城沉入大海。传说中的亚特兰蒂斯沉没在哪里? 柏拉图曾经告知,它在大西洋西部的直布罗陀海峡(古代被称为赫喀琉斯的砥柱)附近。

若干世纪以来,人们不断寻求,试图找到亚特兰蒂斯。据俄罗斯新闻网报道,39岁的伊朗籍美国科学家罗伯特·萨马斯特日前断言,传说中的亚特兰蒂斯就沉睡在塞浦路斯附近的地

中海海底。这位自学成才的考古学家宣称，他曾借助一台回声探测器，在1,500米深的海底找到了一处特征与当年柏拉图描写的亚特兰蒂斯非常吻合的区域。据说，由他组织的探险队在塞浦路斯附近的海底找到了数千米长的城墙遗迹。

亚特兰蒂斯城在海底的想象图

罗伯特·萨马斯特在其网站上刊登了多张亚特兰蒂斯的三维照片，他称这些照片可以证明亚特兰蒂斯城的存在。他说："亚特兰蒂斯沉睡在数千英尺的海底，这也确保了这一座庞大遗址保存完好。我们最终的目标是找到它的位置，并对石庙、宫殿、道路、桥梁和原始工具进行拍摄。整个世界都将开始关注这片土地，这将是历史上最伟大的考古发现。"

不过，塞浦路斯政府却对萨马斯特的这个发现表示怀疑。当地的考古学家帕夫洛斯·弗劳兰佐斯说："要想证实罗伯特·萨马斯特的发现，还必须获得更多的直接证据。"

萨马斯特目前面临挑战，原因之一是他没有理论，只有一系列前所未有的发现。作为海洋考古这门科学，他的科学举证还远远不够，他没有提出直接证据，还无法为世人广泛接受。

然而，萨马斯特的探索精神是值得钦佩的。这个广泛引起人们兴趣、充满争议的话题，也将继续引起人们的关注。

## 其实还有时间

有一年，印度发生了一次大海啸。海啸发生前的几个小时，一群在海边嬉戏的孩子捕捉到一些他们平日不曾见过的鱼，这些鱼双眼突出，样子十分怪异。这些奇怪的鱼来自哪里？当时没人知道。后来人们才发现，这些鱼来自深海。深海中水温很低，水的压力很大，这些鱼长期在低温、高压的环境下生存，当海底发生地震时，地下的岩浆涌出，它们便无法忍受高温，只好逃向海边；又因为到了海面后，海面的压力突然变小，此时这些鱼的眼球被体内压力挤压出来，体内的一些器官也可能破坏了。这些鱼的出现，实际上是大海在告知人们大难临头。几小时后，海啸涌来，捉鱼的孩子们被巨大的海浪吞噬，无一幸免。

有时，大量的鱼涌向海边，一些渔民的捕鱼量突然剧增，是平日捕鱼量的几十倍，人们欢喜万分。殊不知，这预示着一场灾难即将发生！这是因为鱼的感知系统比人类更敏感，它们已得知了地震的信息，而人类却茫然不知。几小时后，巨浪呼啸而至，渔民们

来不及反应，葬身于狂涛之中。

在印度的一个旅游点，有一次，一些平日极为驯服的大象突然不再听主人的指挥，它们停止了向海边行进的步伐，开始仰天长啸，发出阵阵哀嚎，之后突然转身向远离海岸的群山奔去，一直跑到了山的峰巅。就在这时，海啸狂奔而至。这一系列事实说明，对于海啸，动物的感知比人类要敏感得多。

海啸的发源地有很多时候不是在近岸，而是在几千千米之外的洋面上。例如，1960 年 5 月 22 日，南美洲的智利发生了一次大海啸。这次海啸袭击

了智利长达 700 千米的海岸，海啸引起的沿岸波浪平均波高 10 米，最大的波高达 20 多米。海啸形成后，历经了十几个小时才到达岸边，摧毁了岸边的许多建筑。海啸发生 10 多个小时后到达夏威夷群岛，怀卢库河上铁路桥的桥墩被海浪推出 200 多米。这次海啸造成 200 多万智利人无家可归，流离失所。尽管这次海啸的发生地离陆地有 10,000 多千米的距离，但海啸形成的巨浪以每小时 700 多千米的速度向岸边飞驰，能量仍然是惊人的。

请关注两个数字，一个是海啸发生地与大陆相距 10,000 多千米；另一个是海啸的传播速度每小时 700 多千米。这两个数字告诉人们：逃离海啸，其实是有时间的。如果当海啸在远洋发生时，人们能够及时将海啸发生的信息通知沿海各地，那么人们的损失就会大大减少。在海啸形成的海浪传到沿岸的 10 多个小时内，人们完全有充分的时间做好逃生准备，不至于在海啸到来时手足无措，葬身海底。

海啸的发源地有很多时候不是在近岸，而是在几千千米之外的洋面上

为了防止悲剧重演,人们开始意识到建立海啸报警系统的重要性。有了海啸报警系统,人们就可以在海啸到来之前安全撤离沿岸。

1966年,美国建立了太平洋的海啸报警系统,当太平洋的某海域发生海啸时,最近的观测站就会借助声波检测仪发出警报,根据这一警报,人们能估算出海啸到达的时间,以便采取应急的措施。

## 探海者的足迹

## 郑和——伟大的航海家

郑 和

2,000多年前,海洋对于人类来说还是一个未知的世界,当时有个名叫赫加斯特的希腊学者绘制了一张世界地图。这张地图的中心是希腊,希腊的四周是茫茫的大海,在海天之交的地方,赫加斯特写下几个大字:"到此止步,切勿前行",在赫加斯特的心目中,越过海的尽头就是地狱。尽管赫加斯特将海洋描绘得如此恐怖,仍有许多航海家驾船穿越那海天之交的"地狱",驶进了深海大洋。在地理知识、天文知识、气象知识十分匮乏,导航技术十分落后的年代,那些航海家堪称为勇士。

在人类航海史上,郑和是杰出的先驱者,他建立了不朽的业绩,是世界上第一个发现了新大陆的人。

郑和原名马文和,回族,出生于我国云南省一个贵族之家。郑和经历了动荡的童年,曾在一次战乱中被明军掳走。郑和聪明好学,身材魁梧,后来成为太监,又称为三保太监。由于郑和出生于伊斯兰教家庭,对伊斯兰教颇为熟悉,他还信奉佛教,又身为大明皇帝的贴身护卫,所以是当时代表明朝出使西洋的最佳人选。此时明朝国力强大,一支强大的航海舰队应运而生,演绎了一出史无前例的郑和七下西洋的精彩故事。在长达20多年的时间里,郑和率领着当时世界上最大的舰队先后到达今天的越南、伊朗、阿拉伯联合酋长国、马来西亚、泰国、南非等36个国家,航程达5万华里。从1405～1433年间,郑和绘制了航海图,记录了航行的港口、路程、地形和

郑和下西洋

海洋气象，为中国的航海史写下了光
辉的篇章。

　　郑和的首次出航是在 1405 年，比
哥伦布早 87 年，比麦哲伦早 114 年。
郑和出航所率领的船队更为西方人所
无法比拟。郑和的船队计有 62 艘大
船，加上中小船舶共有 200 多艘，其中
最大的船舶长达 125.65 米，宽 50.94
米，排水量为 14,800 吨，这是当时全球
最大的船舶，世界第一艘万吨轮。郑
和船队共有 27,000 多人，规模之大，前
无古人。而数年之后的哥伦布、麦哲
伦的船舶，最大的载重量也只有 120

吨。麦哲伦的船队在离开西班牙港口
时仅有 265 人。1492 年，哥伦布的船
队只有 3 艘船，船员也只有 87 人。

郑和船队帆船复原模型图

在15世纪的前30年里，亚欧大陆两端的东方和西方几乎同时向海洋进军，东方以郑和下西洋为代表，西方以葡萄牙亨利王子沿非洲西岸探索为代表。东西方的航海活动，标志着人类的活动舞台开始由大陆转向海洋。15世纪初，西欧各国商品经济迅速发展，新兴资本主义急于积累资本，这是西方航海的主要动力。西方各国都鼓励和支持航海探险，去寻找黄金，开拓海外殖民地，这种航海一开始就有明确的掠夺目的。

当时中国已进入封建社会后期，正处于明初"永乐盛世"，纺织业、瓷器业、矿业、冶炼业和造船业兴旺发达。明成祖朱棣采取对外开放、稳定周边的政策，想争取一个长治久安的和平局面。郑和下西洋就是当时对外政策的一个重大举措，动因主要出于政治上的考虑。郑和下西洋前，中国周边的国际环境不够稳定，东南亚地区的国家存在着相互猜疑、互相争夺的气氛。当时东南亚有的国家对外扩张，欺压周边国家；还有的杀害明朝使臣，拦截访问中国的使团等，同时海盗猖獗，横行一时，海上交通路线得不到安全保障。这些不稳定因素直接影响中国南部的安全，影响了明朝的国际形象。于是，朱棣采取了"内安华夏，外抚四夷，一视同仁，共享太平"的和平外交政策。

当时，郑和下西洋的船队在世界上堪称一支实力雄厚的海上"特混舰队"，这支"特混舰队"根据海上航行和作战需要进行编组、统一指挥。很多外国学者称郑和为"海军司令"或"海军统帅"。从人数上看，郑和每次下西洋的人数都在27,000人以上；从作战力量上看，船队中的舟师、两栖部队相当于现在的舰艇部队。专门研究中国古代科技史的英国李约瑟博士认为，同时代的任何欧洲国家的海军都无法与中国明代的海军匹敌。

郑和率领的船队虽然是一支庞大的海军舰队，但目的是为了传播友谊、实现和平。郑和率领船队下西洋，通过各种手段调解缓和各国之间的矛盾、平息冲突、消除隔阂、威慑和打击倭寇、消灭海盗、保障海上安全。李约瑟博士曾评价说：东方的中国航海家从容温顺、不计前仇、慷慨大方，从不威胁他人的生存；他们全副武装，却从不征服异族，也不建立要塞。

郑和宝船

郑和下西洋播撒的是中华民族的文明，传播的是先进的中国文化。郑和舰队先后到达东南亚、西亚、东非地区,重要航线有 56 条。当时东南亚、南亚、非洲一些国家和地区比较落后,非常向往中华文明。郑和下西洋传播中华文明的内容主要有中华礼仪、儒家思想、历法、度量衡制度、农业技术、制造技术、建筑雕刻技术、医术、航海和造船技术等。官方贸易也是郑和下西洋的重要内容。郑和船队除了装载赏赐用的礼品外,还有中国的铜钱、丝绸、瓷器和铁器等,多数以货易货,最有影响的是击掌定价法。在印度古里国,中国船队到达后,货物带到交易场所,双方在官员主持下当面议价定价,谈好后互相击掌表示成交,决不反悔。这种友好的贸易方式,在当地传为美谈。

此外,当年郑和下西洋期间,还消灭了海盗,开辟了一些航线,各国商人自发开展起民间贸易。中国主要输出瓷器、丝绸、茶叶、漆器、金属制品和铜钱等,换回珠宝、香料、药材和珍奇动物等。当时中国从海外进口 50 千克胡椒,当地卖 1 两银子,回到国内出售为 20 两银子,利润丰厚。据统计,明成祖在位 22 年间,与郑和下西洋有关的亚非国家使节来华共 318 次,平均每年 15 次。文莱、满剌加、苏禄和古麻剌朗国 4 个国家先后有 7 位国王率团前来,最多一次有 18 个国家使团同时来华。访问期间,3 位国王在中国病逝,其遗嘱要托葬中华,明朝都按照

"王"的待遇厚葬。

郑和的船队沿着海上的丝绸之路,执行的是"厚往薄来"的国策,为东南亚、非洲和欧洲等国带去了东方文化,在东西方文化、政治、艺术和宗教等交流中架起了友谊的桥梁。

郑和晚年时建立了两座碑,以示后人。这两座碑,一座在江苏省太仓县,一座在福建省长乐县,碑文中均记叙了七下西洋的意义和经历。郑和在第七次下西洋时,不幸客死在印度,然而郑和的名字千古不朽,永载史册。600 年后,他的后人依然对他的不朽业绩感到无比自豪。

在几百年漫长的历史时间里,西方人对郑和所知甚少。1904 年,梁启超第一个向世界介绍了郑和。郑和远航的 600 年后,英国一位名叫孟席斯的老人写出了一部震惊世界的巨著《1421 中国发现了世界》,书中论证了郑和第一个发现了新的大陆,从此郑和的名字更是响彻世界。

为了纪念这位伟大的航海家,如今在当年郑和出海的闽江口长乐郑和广场,人们建立起海内外最大的郑和石雕像,雕像总高 14.05 米,基座宽 7 米,高 2.8 米,寓意郑和自 1405 年起,历时 28 年七次下西洋的历史。

2005 年 7 月 11 日是郑和下西洋 600 周年纪念日,从这一年起,每年的 7 月 11 日成为中国的"航海日"。

## 郑和大事年表

| | | |
|---|---|---|
| 1371 年(洪武四年　辛亥) | | 出生于云南昆阳州(今晋宁县)宝山乡和代村。 |
| 1382 年(洪武十五年　壬戌) | 11 岁 | 明军征云南。父亲马哈去世。被掳入明营,遭阉割。 |
| 1390 年(洪武二十三年　庚午) | 19 岁 | 被燕王朱棣看中,选入燕王府服役。 |
| 1404 年(永乐二年　甲申) | 33 岁 | 因战功显赫,获成祖赐姓"郑"的殊荣,从此改称郑和,并提升为内官监太监。 |
| 1405 年(永乐三年　乙酉) | 34 岁 | 奉成祖命,偕王景弘率 27,800 人第一次下西洋。 |
| 1407 年(永乐五年　丁亥) | 36 岁 | 回国后不久,与王景弘、侯显等率船队第二次下西洋。 |
| 1409 年(永乐七年　己丑) | 38 岁 | 九月又偕王景弘、费信等第三次下西洋。 |
| 1413 年(永乐十一年　癸巳) | 42 岁 | 偕马欢等率船队第四次下西洋。 |
| 1417 年(永乐十五年　丁酉) | 46 岁 | 率船队第五次下西洋。 |
| 1421 年(永乐十九年　辛丑) | 50 岁 | 偕王景弘、马欢等率船队第六次下西洋。 |
| 1431 年(宣德六年　辛亥) | 60 岁 | 郑和偕王景弘、马欢、费信、巩珍等率船队 27,550 人第七次下西洋。 |
| 1433 年(宣德八年　癸丑) | 62 岁 | 归国途中,因积劳成疾在古里(今印度卡利卡特)病逝,七月船队回国,宣宗赐葬南京牛首山南麓。 |

# 哥伦布与麦哲伦

直到 15 世纪，哥伦布对"地球是圆的"这一概念坚信不疑，他确信一直向西走，一定可以走到东方。当时东方的黄金、香料、象牙和丝绸令西方人垂涎三尺。哥伦布既是一个冒险家，也是一个掠夺者。哥伦布西行的目的，没人比他自己讲得更清楚，他说："黄金是种奇妙之物！谁拥有黄金，谁就会拥有他所需要的一切。通过黄金，一个人甚至能够让灵魂走进天堂。"

哥伦布

1492 年 8 月 3 日，挂名海军上将的哥伦布率领一支船队告别了西班牙，向西驶去。然而遗憾的是，这次哥伦布并没有实现环球航行，也没有到达东方，只是到达了美洲。由于当时人类地理知识的贫乏，哥伦布将美洲的印第安人误认是东方的印度人。

几百年来，人们一直认为哥伦布是西班牙热内亚一个小业主的儿子，但近年来，一些美国的学者对此提出了异议。这些学者对哥伦布的遗骸及生平进行了深入的研究。通过对哥伦布遗骸作 DNA 鉴定，确认哥伦布不是西班牙人；经过大量考查，发现哥伦布并不是小业主的儿子，而是出生于大商人的家庭。

麦哲伦

1519 年 9 月 20 日，由 5 艘船舶组成的一支船队告别了西班牙圣罗卡港扬帆远航，这支船队的总领队便是探险家麦哲伦。1480 年，麦哲伦出生在一个贵族家庭，年轻时，他曾作为下级军官参加过赴印度的战争，由此萌生了一个开拓通往印度航线的欲念。他的这个想法得到了西班牙国王的支持，于是组建起一个帆船队，开始了环球一周的航行。麦哲伦船队共有 5 艘船，265 人。出发 1 年后，麦哲伦才发现了南美洲南端的一个曲折的海峡，并经这个海峡航行到了太平洋，这个海峡就是现在的麦哲伦海峡。在漫长的航程中间，麦哲伦的部下发生了动乱，又失去了航速最快的船，一艘最大的船也装着大量的食物重返西班牙。然而麦哲伦并没有丧失信心，他率领 3 艘船继续扬帆远航，船队克服了疾病、干渴和饥饿，最终驶入太平洋，并在菲律宾上岸。但是，麦哲伦的船队与当地人发生了恶斗，麦哲伦在争斗中丧生，从此，船队失去了指挥官。然而，麦哲伦的余部继续西行，幸存者驾驶着最后仅有的一艘船穿过印度洋，绕过非洲南端的好望角，返回了西班牙。这支历尽苦难的船队出发时 265 人，历经 3 年后仅存 18 人。不过，麦哲伦的航行无可争辩地证明了地球是圆的。

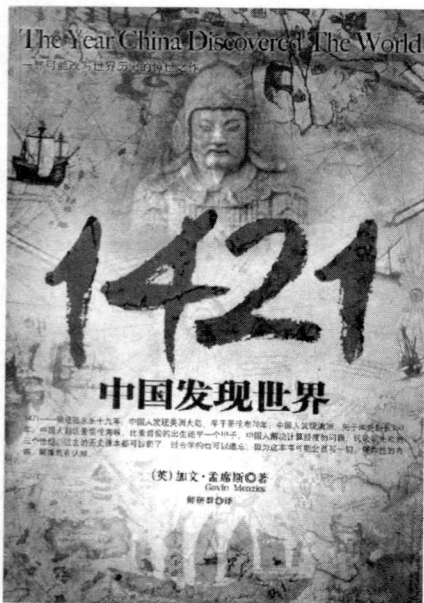

凯文·孟席斯的作品

## 凯文·孟席斯其人

畅销书《1421 中国发现了世界》的作者凯文·孟席斯，1937 年出生在中国。要知道孟席斯是怎样的一个人，最好还是听听他的自我介绍。

"在我出生之后，我父亲为我请了一个中国保姆，我曾经和她一起生活了 8 年，那段时间是我极为珍贵的记忆，我向她学习汉语，听她讲一些关于中国的故事。

"我在英国皇家海军工作的时候，曾在驱逐舰、巡洋舰上担任过航海官，在战略导弹核潜艇上担任过作战官，后来在常规潜艇任艇长。没有这段海军的训练和实践，我不可能有研究郑和航海史的愿望和基础。特别是在冷战那段时间（20 世纪 50 年代至 90 年代美国和前苏联对立的时期），我们在北部作战，我学到了利用各种方法收集信息和资料来确定前苏联潜艇和船只的位置。当时没有一个信息是肯定的，我们必须去不断寻找和否定，这和寻找郑和的航海路线和经历很类似，对我帮助很大。

《1421 中国发现世界》作者凯文·孟席斯

"我把我的这本书献给了我的夫人马塞拉,她陪伴了我一生,并和我一起去过与本书有关的世界各地。我一生中最满意的事情就是能够遇到我的夫人,最不满意的事情就是没有早点遇到她。我们有一对可爱的女儿,贝蒂和玛丽,她们现在一个在银行工作,另一个在加拿大的一所大学教书,我很爱她们。当她们还在我们身边的时候,我的一天大概是这样度过的:早晨 5 点起床,6 点半叫醒我的妻子,她要在 7 点半去工作,我们都工作一整天。夏天她大概在晚上 6 点回家。我们住在伦敦市中心位置,一条小河从我家附近经过,我和妻子经常去河边散步,夜晚就这样静静降临和悄悄流过。女儿会在吃晚饭的时候打电话给我们,当我们回家的时候晚饭已经准备好了。

"我并不是一个聪明的人,因此我需要努力工作,我每天大概要工作 16 个小时。我的信念就是一个人应当自尊和保持气节,要相信自己的力量,不能为他人的言行左右。"

退休后的孟席斯一直在位于伦敦北部伊灵顿的家里潜心研究航海史。

1990 年,孟席斯和夫人一起来华旅行,庆祝他们的银婚纪念日。这次旅行改变了孟席斯的生活,也彻底地改变了他对中国的看法。

在参观北京紫禁城(故宫)时,他不禁为这座美丽而富有历史文化底蕴的古城所折服。当导游告诉他,紫禁城始建于 1421 年,而此时明朝皇帝派出的庞大船队正在周游世界时,他感到十分惊讶,回到英国后便开始做这方面的考证和研究,而且兴趣日益浓厚。

此后,孟席斯在美国发现了一张珍贵的古代地图,据考证,这张地图为中国人所绘。据他研究发现,郑和船队 1421 年航游过美洲,时间比 1492 年发现美洲新大陆的意大利航海家哥伦布竟然早了 70 多年。

《1421 中国发现世界》作者凯文·孟席斯

在长达 10 多年的研究考证中,孟席斯到过世界 120 个国家和地区,参观了 900 多家博物馆和图书馆,以及中世纪后期的每一个重要港口。随着研究的不断深入，他越来越被中国这个东方古国的辉煌和其令人难以置信的先进文明所震撼。2002年，他倾注了多年心血、长达500多页的《1421中国发现了世界》(《1421 The Year China Discovered the World》)在英国出版。书中讲述了中国古代航海家郑和在哥伦布发现美洲数十年之前所作的环球航行、考察北美和澳大利亚大陆以及南北两极的历险故事。此书问世后立即在世界上引起了轰动。

孟席斯并非专业的历史学家，用他自己的话讲，是个"业余历史学家"。这位业余历史学家近年在英国名噪一时，是因为他公布了一个让人瞠目结舌的结论：北美和澳大利亚大陆都是中国人发现的。如果孟席斯的这个判断得到证实，那么，哥伦布发现新大陆的历史就要改写了。

## 发现海洋

### 谁绘制的航海图

据孟席斯研究，意大利、葡萄牙古代航海家进行远航的时候，并非漫无目的地四处游逛，而是有所依据的，那就是一幅被葡萄牙国王视为国家机密的航海图。据考证，这张航海图是从意大利旅行者尼古拉·达·康提那里获得的。这张航海图绘于

1428年，现已大部分遗失，但当时图纸的部分内容被泄漏出来，并被重新绘制。根据这张图纸，那些西方航海家在出发前已对目的地的航行路线进行了规划。

孟席斯因此提出疑问："没有人解释过为什么欧洲探险家当时有地图。那里有数百万平方英里的海洋，要绘那些地图需要有巨型船只。是谁绘制了那些地图呢？"

世界航海图

曾有一位澳大利亚学者和一位美国学者发现了一张由威尼斯人于1410年绘制的世界航海图。这张在郑和完成前两次下西洋壮举之后两年绘制的航海图，不仅清楚地标有世界各大洲的准确位置，更令人惊奇的是，其中有数百个地名还具有郑和航海图的特征。由此可见，这张航海图的原图应当是当年来到威尼斯的中国人带来的。

孟席斯指出，这张航海图的出现比哥伦布出海要早70多年，而哥伦布以及麦哲伦都是在出海前就已经得到现成的世界航海图了。既然如此，在此之前有谁能够进行环球航行呢？中

哥伦布航海使用的三桅帆船

国人！因为只有郑和率领的超特大型船队才有条件做得到。孟席斯在演示新发现的世界航海图时还特别指出，这张世界航海图是以郑和的祖居地中亚布哈拉为其中心的。

由此孟席斯得出"是谁绘了那些地图"的答案：是中国的航海家郑和及其随从完成过远程航海，并绘制了地图。

## 谁发现了新大陆

孟席斯在《1421 中国发现了世界》中列举了很多实例，用以证明第一个发现新大陆的是中国人。

诸如，在北美的加拿大临北大西洋的一个半岛上，人们发现了郑和船队曾驻扎的基地。这一处被称为新斯科舍的地区，处于西经 $60°26'$、北纬 $46°19'$ 附近，在面积约 50 平方千米的范围内曾有过一个繁荣的海港。半岛上绵延着修筑的城墙遗址，还存在着水利工程设施，同时发现了大量佛教徒与回民的坟墓，坟墓中留存中国的

汉字。有一处遗迹是当地一位法裔加拿大人发现的。他在登山时偶然看到这处遗迹，并且发现遗迹中含有大量东方文化的特征，他将此事告诉了孟席斯。不久前，孟席斯亲自前往当地调查，并请专业勘测人员对这处遗迹进行年代测定，目前确切年代的鉴定仍在进行中。这一区域几百年来人迹罕至，1497 年后最早一批到达这里的欧洲人曾描述说，这里曾是一个繁荣美丽的海港，部分土著居民具有东方黄种人的特征，一些人使用奇特的象形文字，并且穿着带有东方金丝花纹的服装，带着中国式的耳环。当地印第安人声称这些异族人是从海上乘着巨大的船只而来的，后来这些神秘的异族人又"回到了大洋的对岸"。

## 孟席斯的发现

孟席斯说："一张地图使我走近郑和。"

他还说："我发现郑和的故事实际上是偶然的。1990 年我和夫人到北京访问，纪念我们的银婚。到了故宫以后，有一个导游和我讲到了故宫的历史，说起故宫里的皇帝派人驾了很大的船去接客人。当时的富裕景象使我很震惊，就想了解一下同一时期英国的情况，回国以后就准备研究这个主题。

"1421 年，中国一次可以有26,000个客人在故宫吃饭，总共有 10 道菜，当时每一道菜都是用最好的东西来摆放的。同时代的英国，英皇亨利五世与

23

郑和航海图

法国公主结婚时很穷,连盘子都没有,吃肉的时候就直接用手撕。这样比较起来,真可谓是一个富强,一个贫穷。

就有人绘出的。带着这个疑问,我又去追查麦哲伦航行太平洋的地图,发现情况也是如此,在他们去新大陆之前都有了地图,所以我想是谁在葡萄牙以前画了这样的地图呢?我就追查下去,并且想到了1421年中国船队出海,也考查到了郑和在1421年是第六次下西洋。

"我开始重写我的稿子,那已经是2002年了,原来的主题是1421年中国和英国的差别,现在的主题变成了

郑和远航船队复原图

"我花了10年的时间来研究这个问题,写了一本书,出版商替我找来10个专家来评我的书。其中有一个历史学家给我看了一张中美洲的小岛图,这张图是1423年画的。我一看,觉得不对呀,在哥伦布还没到小岛以前,就有地图画出来了?从这个线索出发,我猜想会不会是葡萄牙人派哥伦布出去之前还派其他人出去了,结果发现没有。我就寻找哥伦布当时航行使用的地图,发现那是在他之前

郑和。当时我查了很多欧洲的图书馆的馆藏文献(包括很多初期欧洲文献),上面记载他们看到很多黄种人,所以我想第一批去的欧洲人发现很多黄种人,那么到底是谁先发现那个地方的呢,答案当然显而易见。

"在研究过程中遇到的最大的困难就是中国关于郑和航海的资料被毁坏和遗失了,几乎没留下什么,所以我就只能去其他地方寻找郑和航海的资料。我在中国、印度、日本、韩国和欧

洲找到了相关的记录,终于解决了这个问题。

"这其中也有许多令我记忆深刻的事情。其中有一件是发现太平洋的阿索尔岛,在葡萄牙人去那里 31 年前,这个岛就出现在中国的地图里,这令我很震惊。还有一件事是在我看到这个地图的同一天,西班牙马德里大学的一个教授问我:'有没有看过我最近写的一个研究报告?我最近做过一个 DNA 的测试,就是阿索尔岛西部土著的 DNA 里面一半是欧洲人,一半是蒙古人和中国人。'我想这是我记忆最深刻的事情。"

"当我写完这本书的时候,并没有什么强烈反应,然而当我在 2002 年将主题改成郑和航海时,突然有 10 家出版社同一天联系我要出版我的书。我的代理把出版权给了全斯伍德(Transworld)出版社了,它是世界上最大的出版社之一。

"出版之后有一些学者,当然也包括中国学者,对我的书提出批评,这反而使我的书更加畅销了。现在,在我的网站里每月有 10 万人进来,每天大约 3,000 人。在买我的书的人中,有99.4%的人对书里大部分的细节都接受,对里面的某些细节也许有不同的意见。批评我的书的人其实只占很少的一部分,其中有些人仅仅看到别人的批评,根本就没有看我的书就提出批评,我个人觉得这是不负责任的。

"我希望这本书能够激起中国读

哥伦布航海路线图

者的热情,使他们也能够展开对郑和的研究。我们知道,在中国,郑和的资料有很多都被毁掉了和失落了,所以我希望中国的新一代能够寻找这些失落的资料。"

孟席斯的研究和发现令世人震惊,然而他的某些观点还没有得到学术界的完全认同。中国社会科学院历史所、中国明史协会副会长张德信表示,中国学术界对孟席斯的观点一般持赞成、反对、应深入研究三种观点。孟席斯的观点从 2002 年至今已补充了大量新的材料和证据,但他的论述中还有不少矛盾的地方。"他虽然列举了大量证据,但证据间的关联性以及这些证据本身与郑和下西洋的关联性还需要更深一步研究证明。"

## 海洋考察时代

18～19 世纪,近代海洋科学考察开始兴起。18 世纪以后的海洋探险逐步展开对海洋环境和资源的初步观

三桅尖底帆船

测,如测温、测深、采水、采集海洋生物和底质样品等,因而称之为海洋考察更确切。但这一阶段的海洋考察,其研究内容是零星的,涉及的海洋空间也是局部的。直到17世纪人们还普遍认为只有表面海水是咸的。1673年,波义耳发表了他研究海水浓度的著名论文,指出所有深度的海水都含有盐分,从而改变了当时认为只有表面海水是咸的流行看法。1772年,拉瓦锡通过化学分析,发现海水中含有多种碳酸盐、钠盐和镁盐等成分。到1865年,人们已经从海水中分析出了27种元素。

18世纪,著名的库克船长进行了三次探险航行。他在南太平洋发现了社会群岛,并到过南极圈以南和白令海,是第一个精确测量经纬度的探险家。1839～1843年,英国人罗斯爵士领导了著名的环绕南极的探险航行。当他航行到南大西洋时,用绳子测得了4,432.9米的深度记录。罗斯也因此被称为"大洋精确测深第一人"。在19世纪,进行海洋测深的器具主要是

麻绳和铅锤。麻绳的伸缩性较大,影响测深精度,所以,后来麻绳又被钢丝绳所替代。1854年,美国海军见习官布鲁克发明了可以精确确定重锤触底时刻的装置(即在测深的末端加上能分离的重物,当绳端触底时自动脱落),从此以后,测深的精确性才有了保证。这种比较原始的测深方法,在几千米深的大洋每测一次深度就得花几小时,所以直到1923年全世界仅仅积累约1.5万个大洋测深记录。除了测深以外,人们还对测温进行了探索。西克斯发明了一种老式温度计,它可对最高、最低温度进行测量,以此可以测量海水表面以下的水温。俄国"希望"号和"涅瓦"号1803～1806年环球航行中所用的就是这种温度计。当时测温的最大深度为336米;到19世纪40年代,测温深度已经超过2,000米;到19世纪60年代末已达到4,000米。通过当时多次的温度观测,发现大洋温度随深度逐渐降低,水温在深层降到1℃左右,在高纬地区的深层可达到0℃左右。这样,长期流传的认为大洋深处充满4℃海水的错误观点被

摒弃了，并且初步揭示了海洋温度空间变化的复杂性。1874 年，英国人制成了颠倒式温度计，这是海洋测温技术的重大革新，它大大提高了海洋测温的精度，现代的颠倒温度计就是在此基础上改进而成的。由于缺乏深海抛锚技术，大洋测流比测温和采水更困难。因此，深海直接测流的资料很少，当时主要利用航海日记资料来了解海流知识，据此，富兰克林 1770 年发表了湾流图。从 19 世纪 40 年代开始，美国海军军官默利广泛收集了以往的航海日记资料，编纂出版了大西洋海面风场和海流图，于 1855 年出版了《海洋自然地理》一书，书中他对所编的风场和流场做出了解释。他根据海洋中温度和盐度不均匀的事实认为，密度差异是形成海流的一个原因。该书被公认为当时海洋学的一本重要著作。

对海洋生物资源的研究，直到 19 世纪初才比较快地发展起来，而且主要限于浅海和大洋表层的生物采集和分类。1840 年，福布斯首先开始了海洋生物与环境关系的研究。他发现生物种类随深度增加而不断减少，提出在海面 600 米以下没有动物存在。这样的论点在当时是很自然的，因为既然深层海水被认为是停止不动的，其溶解氧将因得不到补充而消耗殆尽；另外估计动物也难以承受深层海水的高压环境。人们在相当长的时间内对福布斯的观点深信不疑，后来由于多

次从海洋深处发现动物，他的这种论点才开始动摇。在其后 30 多年，由于"挑战者"号环球考察的成功，才使大家最终放弃了这个错误观点。

"挑战者"号的航行是第一次
对海洋进行全面的研究

有系统、有目标的近代海洋科学考察是由"挑战者"号科学考察船创始的。1872～1876 年英国皇家学会组织了"挑战者"号，开始了在大西洋、太平洋和印度洋历时 3 年 5 个月的环球海洋考察。"挑战者"号为三桅蒸汽动力帆船，船长 68.9 米，2,300 吨级，由皇家海军军舰改装而成，共有 243 名船员、6 个科学家组织参加，由汤姆森爵士领导，是人类历史上首次综合性的海洋科学考察。这次考察活动第一次使用颠倒温度计测量了海洋深层水温及其季节变化，采集了大量海洋动植物标本和海水、海底底质样品，发现了 715 个新属及 4,717 个海洋生物新种，验证了海水主要成分比值的恒定性原则，编制了第一幅世界大洋沉积物分布图；此外还测得了调查

区域的地磁和水深情况。这些调查获得的全部资料和样品,经 76 位科学家长达 23 年的整理分析和悉心研究,最后写出了 50 卷计 2.95 万页的调查报告。他们的成果极大地丰富了人们对海洋的认识,从而为海洋物理学、海洋化学、海洋生物学和海洋地质学的建立和发展奠定了基础。

"挑战者"号环球海洋考察极大地提高了人们对海洋的兴趣。此后,德国、俄国、挪威、丹麦、瑞典、荷兰、意大利和美国等许多国家都相继派遣调查船进行环球或区域性海洋探索性航行调查。第一次世界大战以后,海洋学研究开始由探索性航行调查转向特定海区的专门性调查。1925～1927 年德国"流星"号在南大西洋进行了 14 个断面的水文测量,1937～1938 年又在北大西洋进行了 7 个断面的补充观测,共获得 310 多个水文站点的观测资料。这次调查以海洋物理学为主,内容包括水文、气象、生物和地质等,并以观测精度高著称。这次调查的一项重大收获是探明了大西洋深层环流和水团结构的基本特征。另外,第一次使用回声探测仪探测海底地形,经过 7 万多次海底探测,发现海底也像陆地一样崎岖不平,从而改变了以往所谓"平坦海底"的认识。

1947～1948 年瑞典的"信天翁"号调查船的热带大洋调查,被海洋学家誉为"近代海洋综合调查的典型"。此次调查历时 15 个月,总航程达 13 万千米,在大西洋、太平洋、印度洋、地中海和红海共布设测点 403 个,重点在三大洋赤道无风带进行,主要是热带深海调查和深海底的地质样本采集。全部探测资料和沉积物岩芯样品经过 10 多年的整理和计算分析,最后出版了《瑞典深海调查报告》10 卷 36 分册。据统计,从 18 世纪到 20 世纪 50 年代,全世界共进行了 300 次左右单船走航式的海洋调查。通过这一系列调查,人们获得了对世界大洋及一些主要海域的温度和盐度分布、大型水团属性及海底地形的轮廓性认识。

# 海洋是人类的宝藏库

## 人间的聚宝盆

蔚蓝色的海洋,辽阔宽广。人们生活在陆地上,陆地好像也是无边无沿的,其实,地球表面上只有 29% 是陆地,其余的 71% 却是海洋。海水的总量就更可观了,有 13.5 亿立方千米。海水占了全球总水量的 97%,剩下的淡水绝大部分还冻结在南极洲和格陵兰的冰盖中,河流湖泊里的淡水不足海洋水量的两千分之一,大气层里的水蒸气只有海水的八万分之一。我国东南濒临太平洋和它所属的渤海、黄海、东海和南海,面积有 400 多万平方千米,其中我国管辖海域面积有 300 万平方千米,这片占陆地领土大约 1/3 的海疆是我国的蓝色国土。

海洋空间本身就是宝贵的资源,海洋既把陆地分开,也把分隔开的陆地联系在一起。海上运输是运量最大,成本最低的运输方式,它使沿海成为经济最发达的地区。随着世界人口增长和经济的发展,淡水越来越不够用,人类不得不想方设法从海水中获得淡水。

海水中溶解了大量的无机盐,其

格陵兰的冰盖

海盐

29 ●●●●

中绝大部分是氯化钠,就是食盐。如果把海水中的盐全部提炼出来铺在陆地表面,可以铺成厚 153 米的盐层。在海洋里几乎能找到所有元素的踪迹,地球上的溴和碘主要存在于海水中;海水中镁、钾和硫等的含量也较高;有些贵重的元素如钠、金等,虽然在海水中含量很低,可是由于它们的身价高,从海水中提取也是有诱人前景的。

海上石油井台

在漫长的年代里,生活在海洋里的生物的残骸不断沉积在海底,形成石油和天然气,储藏在合适的地质结构中。全球海上石油的探明储量为200 亿吨以上,天然气储量 80 万亿立方米。100 多个国家和地区从事海上石油勘探开发,投入开发的经费每年达 850 亿美元,我国沿海有渤海、东海、珠江口和莺歌海等 7 个主要的海上含油气盆地。2005 年我国海洋原油产量 317,521 吨,是 1994 年的 4.4倍,海洋天然气产量 62.7 亿立方米,是 1994 年 16.7 倍。

海底的表面上也有丰富的矿产。砂石是主要的建筑材料,在许多海滩上都有。有些海滩上还有磷、钛、锆、锡、钨、金、金刚石、金红石和独居石等砂矿,品位比陆地的矿山还高。

大洋 3,000～6,000 米深处的海盆底面上广泛分布着多金属结核,小的像黄豆,大的像鸡蛋,估计总量达 3万多亿吨,其中以太平洋底的储量最丰富,有 1.7 万多亿吨。结核里含有锰、铜、镍和钴等金属,因为锰的含量较高,所以一般都称为锰结核。仅就太平洋的储量而论,锰结核中含锰4,000 亿吨,镍 164 亿吨,铜 88 亿吨,钴 58 亿吨,比陆上已经发现的这些金属矿的储量高出几十倍到几百倍。更为神奇的是,锰结核现在还以每年1,000 万吨的速度生长着。单单每年从太平洋底新生长出来的锰结核中的铜就够全世界用 3 年,钴够全世界用4 年,镍够全世界用 1 年。

海底世界景观

地球上的地壳不断运动,在海洋底部形成很多大裂缝。从红海等处的海底裂缝中不断喷出热泉,泉水中富含多种金属,遇水冷却形成一些块状或枕状的金属结壳,钴的含量很高,达到 $1‰～2‰$,有人把它叫做钴结壳。这种高品位的矿藏数量也相当可观。因为这种矿的矿区离海岸比锰结核近,水也比较浅一些,开采起来比锰结核要容易些。

海洋是生命的摇篮,现在海洋中还生活着 5,000 多种生物。海面附近的透光层里漂浮着无数的微小的浮游植物,它们靠光合作用产生有机物,这是海洋有机物的初级生产力,一切海洋生物都是直接或间接靠它们来养活的。别看不起这些用肉眼分辨不出的小小的各种浮游的藻类,每年的产量竟有1,350亿吨!而陆地上生物的年产量才190亿吨。可是人不能直接从浮游植物中吸取需要的蛋白质和热量,还得靠高级一些的海洋生物把它们浓缩,人再去吃高级一些的海洋生物。大约1,000吨浮游植物才能养活1吨高级海洋生物。即便如此,海洋能够提供人类食物的潜力还是很大的,可以达到陆地全部农牧产品的1,000倍,有人估计海洋可以捕捞的水产品就有30亿吨,可以毫不夸张地把海洋叫做巨大的食品库。

海洋生物为了生存下去,会在它们体内生产出各种各样的活性物质,有些活性物质有剧毒。用这些活性物质可以制成高效的药物和保健食品。癌症、艾滋病至今还是绝症,没有特效药医治,但现在已经从海洋生物中找到能杀灭癌细胞和艾滋病病毒的物质,很有可能将来能从海洋生物体内提取出这两种绝症的克星。

海上石油钻井台

海洋在不断地运动和变化,海洋与大气之间水和热量的交换是全球气候变化的主要原因。从海洋吹来的季风周期性地带来温暖湿润的气候,在作物最需要水的季节降下雨来;暖流流过的海域温度比同纬度的其他地方高 $5～10℃$;寒暖流交汇的地方和有上升流的地方会形成大的渔场。这些都给人类带来巨大的利益。有的科学家把海洋比做"地球的肺"、"空调器"、"锅炉",这些比喻相当贴切。可是海洋也有发怒的时候,它会引起风暴潮、海啸和厄尔尼诺现象,带来水旱等灾害。

海洋吸收了大量的太阳能,月球和太阳的引力也给予海洋巨大的能量,于是形成了潮汐能、波浪能、海流能、潮流能、温差能和盐差能等能源。我们知道举世闻名的三峡每年能发出800多万千瓦的电力。可是全球潮汐能有27亿千瓦,即使只算沿海容易开发的部分也超过 1 亿千瓦;100 亿千瓦的波浪能中有 1/10 可以开发利用,也就是 10 亿千瓦;海流和潮流带有 50 亿千瓦的能量,其中 3 亿千瓦有可能开发;温差能发电潜力达 20 亿千瓦;盐差能有 26 亿千瓦。这些能源是可以再生的,因此是用之不竭的。开发它们还不会产生环境污染,是干净的能源。

你看,海洋不正是人间的聚宝盆吗?人类可以从海洋得到生存空间,通过海洋进行交往交流,可以从海洋得到维持生命和生产的水,还有各种矿产和燃料,海洋将营养丰富的食物和高效的药物提供给人类,将来还能供给清洁的能源。总之,海洋这个聚宝盆里几乎聚集着人类生存和发展所需要的一切宝物。

近百年来,人类社会生产力飞速发展,其代价是陆地上的许多资源几乎被消耗殆尽,连淡水和粮食也告急了。地球上的陆地已难以承受 60 亿人的压力,海洋资源恰恰能解决人类的需要,人类未来的发展将要依靠海洋里的宝物。

# 人类还得回到海洋中去

海洋孕育了生命。最初的生物是几十亿年前在海水里产生的浮游生物和细菌,它们以后逐步进化成各种植物和动物。其中一部分在海平面下降

海盐生产基地

的地质年代习惯了陆地生活,登陆成为两栖或陆生生物;一部分仍然留在海里;还有些陆地生物又从陆上回到海里生活。

人类也是从海洋微生物进化而来的有智慧的动物。有的科学家认为人类从胚胎发展成婴儿的过程是整个进化过程的缩影,围绕在胎儿周围的羊水的成分与海水几乎一样。还有些医生建议妇女在水中分娩,教给婴儿游泳和在水中生活的能力,居然也成功了。小孩差不多都喜欢玩水,人的血液成分也与海水相似。

海洋对人类越来越重要,人类不得不回到海洋中去,重新学会在海洋里生存,靠海洋的富饶资源养活自己。一位美国科学家说:"人类终究必须依赖海洋,我们只有在海洋里才找得到充分的食物、矿产和水,来应付世界上迫切的需求。"可是人类已经进化成陆地上的动物,已不能适应海洋里的生活了,人类回到海洋的过程将是困难和漫长的。

我国自古以来就兴渔盐之利,行

盐是海洋给人类最大的礼物

舟楫之便,在利用海洋资源方面走在世界前列。现在传统的海洋产业——渔业和盐业仍是世界第一,运输业也居世界前几名。而现代海洋产业的建立比国外发达国家晚了 10～20 年,传统产业所用的技术也相当落后。但是自改革开放以来,海洋产业发展很快,20 世纪 80 年代以每年 17％的速度增长,90 年代又提高到每年 20％的增长速度,2006 年已达 18,408 亿元。

青少年是 21 世纪的主人。首先,要认识海洋,了解海洋有哪些宝藏;然后要学会从海洋中获取宝贵资源的知识和本领,也就是说要掌握打开海洋宝库的金钥匙。

## 寻找打开宝库的金钥匙

打开海洋宝库的金钥匙在哪里呢? 古人告诉我们:"工欲善其事,必先利其器。"这把金钥匙就是"器"——技术,包括认识海洋、开发海洋和保护海洋的技术。海洋科学可使人类掌握海洋发展变化的规律,电子、机械、化工和生物工程的飞速发展更使海洋开

发技术如虎添翼。各种相关的新技术、高技术在海洋开发中都有用武之地。可是,海洋环境有很多特殊的条件,无论多么高明的技术,都不能直接搬过来就用,必须考虑到海洋的特点,克服许多困难,才能形成海洋开发的新技术、高技术。

海水有很高的压力

海洋渔业捕捞

海洋环境是严酷的：海水有很高的压力，每10米水深增加0.1兆帕，10,000米深的海沟底上的压力有100兆帕，连深潜器的钢壳都会被压缩。海水对电磁波和光波的吸收本领特别大，只有表面的几十米海水层照得进太阳光，100米以下就是漆黑一团了；由于电磁波难以在海水中传播，在大气中使用的一切通信手段在海水中就都失灵了。海水的温度随着深度而变，从海面到温跃层之间温度缓缓降低。温跃层位于水深500～1,000米之间，是很薄的一层，在温跃层以下，温度保持在4℃左右，是一个寒冷的世界。海水中溶解的盐对大多数金属，尤其是钢铁有腐蚀作用，海水和大气交界的海面附近氧气很充足，腐蚀作用更强。海水中溶解氧的成分远远不能满足人呼吸的需要，人的肺也无法在海水中呼吸。放置在海水里的仪器、设备的外壳必须是抗压性和水密性很好的，否则强大的压力会使外壳破裂，海水漏进去，腐蚀里面的仪器、设备，使其不能工作。海洋里有些生物（如藤壶）会在仪器、设备上附着、生长，影响透光、透声，使仪器、设备变"瞎"、变"聋"；这些粗糙的附着生物会使船航行时阻力增大，它们分泌的物质还会腐蚀金属、水泥材料表面。海水有潮汐涨落变化，发生风暴潮时水位变化会大大超过一般情况，造成灾害。海流、波浪会冲击置放在海中的设备和建在岸边的工程，甚至可把巨

轮打成两截，把重达60千克重的石块抛到28米高。海水结冰时产生很大的膨胀力，大到能把海上的采油平台挤塌，一般船舶都不能在冰冻的海面航行。严酷的海洋环境，使许多科学家发出感叹："登天难，下海比登天更难。"

但人类不能望洋兴叹。为了开发海洋中的各种资源，自20世纪60年代以来，人们坚持不懈地进行研究，克服了种种困难，开发出一大批海洋高新技术。在这些高新技术的基础上，不但海洋捕捞业、海盐业、造船业和海运业这四项传统海洋产业得到更新，还兴起了海洋生物工程、海洋药物开发、海洋油气开发、海底矿产开采、海水淡化、海水直接利用、海岸工程、近海工程、海洋可再生能源利用、海洋观测技术和海洋环保技术等新兴的产业部门。

被污染的海洋

人类已经繁衍到60亿这样的天文数字，发展了大规模的工业、农业和服务业，除了消耗了陆地上大量的矿物、

化石燃料(煤、石油和天然气)等不能再生的资源以外,还破坏了陆地上的土地、森林资源,工业废水、废渣、废气、汽车的尾气、生活污水和化学农药等直接、间接地排到海洋里,采油和运输事故使成万吨的石油溢入海洋中,造成大面积污染。可是海洋的自净能力是有限的,如果我们不警觉起来,采取防治污染的措施,就会破坏海洋这座宝库,而且会危及人类自身的存在。

1992年,联合国在巴西的里约热内卢召开了环境发展首脑会议,会后发布的里约宣言中提出了"可持续发展"的概念,呼吁世界各国在发展经济的同时,要注意保持环境的健康,以使社会、经济的发展能够永远、持续地进行。人类必须未雨绸缪,在开发海洋资源、发展海洋开发技术的同时,保护好海洋环境,大力发展海洋环境保护技术,以使海洋永葆青春。

## 丰富多样的海洋资源

海洋资源十分丰富,种类繁多,其基本属性和用途均具多样性。因此,对海洋资源还没有形成完善的、公认的分类方案。

由于海洋资源属于自然资源,按照自然资源是否可能耗竭的特征,将

海洋资源分成耗竭性资源和非耗竭性资源两大类;耗竭性资源按其是否可以更新或再生,又分为再生性资源和非再生性资源。再生性资源主要指由各种生物及由生物和非生物组成的生态系统。再生性资源在正确的管理和维护下,可以不断更新和利用,如果使用管理不当则可能退化、解体并且有耗竭的可能。

海洋资源分布于整个海洋的海水中

海洋资源是一类特殊的自然资源,为强调和突出海洋资源本身的属性和用途,采用根据属性和用途对海洋资源进行分类的方法,以便于对海洋资源的研究、开发利用和保护。

根据属性和用途,将海洋资源分为:海水及水化学资源、海洋生物资源、海洋固体矿产资源、海洋油气资源、海洋能资源、海洋空间资源和海洋旅游资源7大类。每一大类可根据属性和用途进一步细分类别。

## 海洋资源分类表

| 总类 | 大类 | 类别 | 属性 | 用途 |
|---|---|---|---|---|
| 海洋资源 | 海水及水化学资源 | 海水水资源 | 海水具有水的属性<br>海水可脱盐淡化,提取淡水 | 人类饮用 |
| | | | | 工业 |
| | | | | 畜牧业、养殖业 |
| | | | | 工业 |
| | | 海水水化学资源 | 海水中的各种化学元素 | 海洋渔业 |
| | 海洋生物资源 | 渔业生物资源 | 天然海洋生物 | 海水养殖业 |
| | | 养殖业生物资源 | 人工养殖海洋生物 | 生物制药 |
| | | 药用生物资源 | 药用价值的生物 | 建筑业、工业 |
| | 海洋固体矿产资源 | 滨海砂矿 | 滨岸带砂及砂矿 | 工业 |
| | | 海底热液矿床 | 半深海、深海热液矿床(如硫化物) | 工业 |
| | | 海底结核 | 半深海、深海含矿物(如锰)结核 | 工业 |
| | | 海底结壳 | 半深海、深海含矿物(如钴)结壳 | 工业 |
| | | 海底磷矿 | 海域中以磷为主的矿床 | 石油工业 |
| | 海洋油气资源 | 海底石油资源 | 海底地下石油资源 | 天然气工业 |
| | | 海底天然气资源 | 海底地下天然气资源 | 天然气工业 |
| | | 海底可燃冰资源 | 近海底固天然气气体水合物 | |
| | 海洋能资源 | 波浪能资源 | 海洋中波浪运动的动能 | 电力工业和动力工业 |
| | | 潮汐能资源 | 海洋中潮汐运动的动能 | |
| | | 海流能资源 | 海洋中海流运动的动能 | |
| | | 潮流能资源 | 海洋中潮流运动的动能 | |
| | | 温差能资源 | 海洋中温差产生的动能 | |
| | | 盐度差能资源 | 海洋中盐度差产生的动能 | 海底建筑 |
| | 海洋空间资源 | 海底空间资源 | 海底底床附近空间 | 海面建筑 |
| | | 海面空间资源 | 海平面附近的空间 | 军事、海运 |
| | | 海水空间资源 | 海底与海平面间的海水水体空间 | |
| | 海洋旅游资源 | 海水运动景观 | 由海水运动产生的特征景观 | 旅游业 |
| | | 海洋地貌景观 | 海岸带、岛屿及海面的景观 | |
| | | 海洋生物景观 | 海洋生物的观赏性 | |
| | | 海洋人文景观 | 人类在海洋中各种活动的遗迹 | |

# 海洋资源的分布

## 海洋地理基本知识

红树林是宝贵的海洋资源

按地貌形态与水文的特征,海洋可以分为海与洋两部分,海与洋连接处并无明显的界限,所以常统称为海洋。海洋不只是代表一个地区,还代表着一个空间,可以自上而下被划分为4个部分:表层水、水体、海床和底土,整个区域都是海洋资源的赋存环境。

(1)海洋的面积、深度和分布

地球表面的面积大约为 $5.1×10^8$ 千米$^2$,海洋的面积为 $3.61×10^8$ 千米$^2$,大约占地球表面积的70.8%。尽管海洋面积占的比例很大,但海水只是地球表面上的一层薄膜。世界海洋的平均深度为3,795米,仅相当于地球半径的 1/1,600,海洋的体积约为 $13.7×10^8$ 千米$^3$,相当于地球总体积的 1/800。海水的总质量约为 $13.7×10^{17}$ 吨,占地球总水量的97.2%。

以赤道为标准,把地球分为南北两个半球,北半球海洋占其地表总面积的 60.7%,南半球海洋占其地表总面积的 80.9%。

(2)海洋地理单元划分和特征

海洋由洋、海、海湾和海峡等几部分组成,主要部分为洋,其余可视为附属部分。

洋:远离大陆,面积广阔,水深一般在3,000米以上,并具有独立的海流、潮汐、温度、盐度和密度的体系,不受大陆影响的水域称为洋。大洋约占地球表面积的 63%,水色深,透明度大,盐度较高,表面盐度的平均值约为 3.5%,年变化小。洋底的沉积物多为钙质、硅质软泥和红黏土。根据海岸线的轮廓等特征,全世界的大洋可以分为太平洋、大西洋、印度洋和北冰洋4 个部分,它们大约占据了海洋总面积的89%。

海洋

海:介于大陆与大洋之间的水域称为海。海约占地球总面积的 7.8%,水色浅,透明度小,各海区具有各自的海流体系,海的潮汐没有独立的系统,一般从大洋传来,但其涨落幅度比大洋明显。海的水深较浅,一般在 2,000 ~ 3,000 米,面积较小。海水温度受大陆影响大,随季节更替有显著的变化,盐度则易受大陆径流的影响,其透明度也较大洋低。海底沉积物多为陆生的砂、泥等。海底与海岸的形态,由于受到侵蚀与堆积的影响,变化较大。

根据海与洋的连接情况与一些地理标志的识别,人们又把深入大陆,或者位于大陆之间,有海峡连接毗邻海区的海域称为地中海;把位于大陆边缘,一面以大陆为界,另一面以半岛、岛屿或以群岛与大洋分开的海域叫做边缘海。

海湾和海峡:是海或洋的附属部分。海的一部分延伸入大陆,且其宽度深度逐渐减小的水域称为海湾,海湾的外部通常以入口处海角与海角之间的连线为界限。海湾中的海水性质一般与其相邻海洋的海水性质相近,在海湾中常出现最大潮差,例如:我国杭州湾的钱塘江潮驰名世界,潮差一般可达 6~8 米,最大时可达到 12 米。海洋中相邻海区之间宽度较窄、深度较大的狭长条带称为海峡。海峡的主要特征是急流,尤其是潮流很大。海峡中的海流又常常上下或左右流向相反,底质则多为基岩或沙砾。

(3)海底形态

近一个世纪来,由于技术的发展,海底的奥妙逐渐被人们所了解。从海岸向大洋方向,海底大致可以分成大陆边缘、大洋盆地和大洋中脊等单元。

①大陆边缘

大陆边缘是指大陆与海洋连接的边缘地带。依据坡度和深度,大陆边缘可以分为大陆架、大陆坡、大陆基以及海沟和岛弧。

大陆架:从岸线到水深 200 米的区域,平均坡度很小,约 $0°4'~0°7'$,称为大陆架,面积约占海洋总面积的 7.5%。大陆架宽度因地区而异,在海岸山脉外围,大陆架很窄,如南美洲太平洋沿岸;在沿岸平原外围却非常宽阔,如亚洲北冰洋沿岸宽度可达 1,300 千米。世界各地大陆架的平均宽度大约为 75 千米。多数情况下,大陆架只是海岸平原的陆地部分在水下的延伸。

大陆坡:陆架往下,坡度陡然增大,这个具有很大坡度的部分称为大陆坡。大陆坡平均坡度 $4°17'$,水深范围为 200~2,500 米。大陆坡呈带状环绕在大洋底周围,宽度从十几公里到数百公里不等。

大陆基:在大陆坡基部常有大面积的、平坦的、由陆源物质经过浊流和滑塌作用堆积成的沉积裙,称为大陆基(又称大陆隆、大陆裙)。大陆基坡

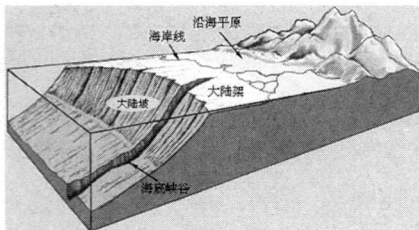

海底大陆架示意图

度一般仅有 1/100～1/700，平均深度3,700米。

烟台海洋经济运行良好

海沟和岛弧：有些地区，陆坡下面并不存在大陆基，取代它的是海沟或海沟—岛弧体系。海沟是深海海底的长而窄的陷落带，由于大洋板块向大陆板块下方俯冲而成。全世界有 20多条海沟，多数集中在太平洋。太平洋北部和西部的阿留申群岛、日本群岛、琉球群岛和菲律宾群岛等，无论单独或连起来看都呈弧形，又称为岛弧。有些地区，海沟紧接着大陆坡的底部分布，更为常见的情况是海沟沿着大陆坡上的岛弧分布。海沟与岛弧的位置关系，既有海沟在岛弧外侧的情况，也存在海沟在岛弧内侧的情况。

整个大陆边缘除大陆基外，其基底性质均与大陆地壳一样，下面是较厚的硅铝层，这与大洋盆地缺失硅铝层有明显区别，显示大陆边缘属于大陆的自然延伸。

②大洋盆地

大洋盆地是海洋的主体，位于大陆边缘和大洋中脊之间，坡度平缓，地形平坦广阔，但也分布着许多次一级的海底形态，如海岭、海山、深海谷、断裂带和海槽等。大洋盆地平均深度4,877米，它的倾斜度在 0°20′～0°40′左右。沉积物主要是大洋性软泥，如硅藻、放射虫和有孔虫软泥等，和大陆架、大陆坡有显著不同。

③大洋中脊

大洋中脊是大洋底的山脉或隆起部分，与一般海岭不同的是，大洋中脊起自北冰洋，蜿蜒在太平洋、印度洋和大西洋的洋底，像一条绵绵不断的海底山脉，总长 7 万多公里，它突出海底的高度达2,000～4,000米，宽度在数百公里以上，占海洋总面积的 32.7%。

## 海洋资源的分布

海港景观

不同大类的海洋资源，在海洋中具有不同的分布规律。

海水与水化学资源分布于整个海洋的海水水体中；海洋生物资源也分布

于整个海洋的海床和海水水体，但以大陆架的海床和海水水体为主；海洋固体矿产资源的滨岸砂矿分布于大陆架的滨岸地带，结核、结壳及热液硫化物等矿床分布于大洋海底；海洋油气资源分布于大陆架；海洋能资源分布于整个海洋的海水水体中；海洋空间资源和海洋旅游资源分布于海洋海水表层、整个海洋的海水水体及海底底床附近。

## 海洋资源的性质及其所处环境特点

海洋资源与陆地资源相比，有其特殊的性质。

（1）海洋资源的公有性

波澜壮阔的海面

自古以来，海洋通常属于国家所有，或属于各国共有，这与陆地有很大的不同。目前，国家管辖海域内的自然资源通常属于国家所有，这是公有性的一个方面；海洋资源公有性的另外一个方面则体现为国际性。国际水域的资源属于全人类所有，这在国际海洋法中有明确规定。因此，近年来大规模的海洋调查、勘探和开发，经常采取国际合作的形式，直至成立协调各国利益的国际海洋开发组织。此外，在开发活动中，以海洋资源问题为中心的国际争端也长年不休。

（2）水介质的流动性和连续性

海水不是静止不动，而是向水平方向或垂直方向移动的。溶解于海水的矿物随海水的流动而发生位移，污染物也经常随着海水的流动在大范围内移动和扩散，部分鱼类和其他一些海洋生物也具有洄游的习性，这些海洋资源的流动使人们难以对这些资源进行明确而有效的占有和划分。世界海洋是连成一个整体的，鱼类的洄游无视人类的森严疆界四处闯荡，这样就给人类的开发带来一个在不同国家间利益和养护责任的分配问题；污染物的扩散和移动则可能会和给其他地区造成损失，甚至引起国际问题，这些都给海洋资源开发带来了困难。

（3）水介质的立体性

海水作为一种介质具有三维的特性，因此海洋资源的分布也具有三维特性。海洋资源立体分布于海洋范围内，与陆地相比，这个特点非常明显。例如海水中可以进行光合作用的植物，主要分布于平均深度在 100 米左右的水深区域范围内，而陆上森林的平均高度仅有 10 米左右；生活在海水中的各种生物、海底矿物以及海滨风光，这些资源也呈立体状分布于海洋地理范围内，往往可以由不同的部门同时利用；另外，污染物质的扩散也在某种程度上呈立体状。海水的立体性,使得各国难以建立固定设施来明确所属海洋资源的范围。

(4)海洋资源赋存环境的复杂性

海洋中自然条件对人类活动的影响比陆地要大,各种生产方式在相当大的程度上仍然受到这些环境因素的制约。例如风浪、盐分的腐蚀以及海洋自然灾害等因素使得海洋开发不仅艰巨性大、技术要求高,风险也很高。

## 海洋资源宝藏与 人类社会生存

海洋面积占地球表面积的70.8%,和陆地一样,海洋是人类生存的基本条件。海洋和大气之间的热和物质的交换保持了地球适于人类生存的条件,世界上的降水主要就是来自海洋。海洋为人类社会发展提供了丰富的资源以及便利的生产条件。许多世纪以来海洋是世界各国的交通要道,现在每年海洋上的货物运输量都

海洋天然气开采平台

将近 $40×10^8$ 吨。海洋中蕴藏着极其丰富的资源,例如自然界已经发现的92种元素中,有80多种在海洋中存在;固体矿产方面,根据现有的资料,许多专家认为世界洋底蕴藏着大约 $1×10^{12}$～$3×10^{12}$ 吨锰结核资源量;据不完全统计,富钴结壳仅在西太平洋火山构造隆起带的潜在资源量就达 $10×10^8$ 吨以上;海底石油资源的总量将近 $1,350×10^8$ 吨,天然气 $140×10^{12}$ 米³,约占世界油气总资源量的40%。目前,海上油气开采总量约占全球油气开采量的30%。海洋中还蕴藏着巨大的能量,海水机械能、海水热能和盐度差能等,可供开发利用的总量在 $1,500×10^8$ 千瓦以上,相当于目前世界发电总量的十几倍。海洋中存活着20多万种生物,据推测,海洋初级生产力每年有 $6,000×10^8$ 吨,其中可供人类利用的鱼类、虾类、贝类和藻类等,每年有 $6×10^8$ 吨。目前全世界每年海产品捕捞量为 $9,000×10^4$ 吨左右,海产品提供的蛋白质约占人类食用蛋白质总量的22%。尽管海洋有着如此丰富的资源,但由于开发海洋资源具有一定的难度,长期以来海洋资源并没有真正引起人们的兴趣。

进入20世纪以后,人类对自然资源的开发强度空前加大。仅从矿产资源来看,据统计,自70年代以来,世界金属的消耗量几乎超过过去2,000年间的总消耗量,近20年内对能源的开

海洋资源勘探航船

发利用量是过去 100 年间的 3 倍。目前陆上主要矿产资源的可采年限大多在 30~80 年，而石油、天然气和油页岩的剩余开采年限也在 40~100 年，储量较为丰富的煤炭也仅够开采 200 多年。自然资源是人类赖以生存的物质基础，人类社会生产的一切实物或能量都是对自然资源进行开发利用的收益。目前一些资源对人类社会长远发展的支持能力遭到了严重损害，同时，现代社会还面临着环境恶化和人口增长过快等问题。基于以上种种情形，人们很自然地把希望寄托在占地球表面积 70.8% 多的海洋上，并逐渐认识到海洋和陆地一样是社会经济发展的资源，也是自己的第二生存空间，是人类可持续发展的重要支柱。另外一方面，生产力的发展为开发海洋奠定了物质基础，加上科技的进步以及对海洋认识的加深，从认识上为深入开发海洋资源准备了条件，以海底石油进入商业开采为标志，海洋资源开发的历史进入了一个新的发展阶段。目前，除了海洋油气资源之外，一些新兴的海洋资源开发领域也已经进入或接近商业生产阶段，海洋资源开发利用的深度和广度都在日益扩展。

自然环境是各种自然要素相互关联的复杂综合体，这些要素包括地形、地质、气候、海洋水、陆地水、土壤和植物等。从生产的角度讲，不同地区的自然环境是存在差别的。资源丰富、便于运输和气候等自然条件良好的环境可以称为所谓的"有利的环境"，处在这种环境中的海洋资源是人类优先开采的对象，处在"不利的环境"中的海洋资源，其开发往往需要更高的成本，这些都影响到资源的价值。

海洋与人类的关系密不可分

人类在开发海洋资源的生产活动中对环境和资源的作用大致表现在五个方面，即开发、利用、改造、破坏和污染。如何防止生产对环境和资源的不利影响，实现海洋资源开发和环境保护和谐，是海洋资源研究中的一个重要课题。

海洋资源是前景极好的资源领域，海洋资源的某些种类现在已经成为人们生产生活的原料或消费品的来源，有些资源种类已被调查、研究所肯定，将是人类未来发展的继续资源。

虽然人类有着几千年的海洋开发史，但是许多海洋资源仍然处于没有充分开发的状态，人类对海洋资源的开发利用程度仍然处在发展的起步阶段。例如，海洋矿产资源尤其是深海矿产资源基本上保存完好。无疑，海洋是人类未来发展的重要基地，问题的关键是如何很好地利用这个基地，如何在开发的同时保护好海洋环境。当前，在海洋资源开发事业飞速发展的压力下，海洋资源的开发也存在一些问题。在全球范围内海洋生物资源出现了不同程度的衰退；海岸侵蚀和沿海平原下沉，致使土地资源受到严重损害；海洋油气资源开发生产中的溢油和其他事故造成的石油污染时有发生；海洋航运造成的污染和陆源污染也都对海洋环境形成了破坏性的影响；有些国家把海洋作为核废料的填埋场，甚至在海洋中遗弃核废料，造成了极大的环境危害隐患。这些问题的出现，严重影响了海洋资源对人类未

人类对海洋资源的开发利用程度
仍然处在发展的起步阶段

来发展的贡献。海洋资源的高效益、有秩序的合理开发，避免或减少人为破坏，维护其对人类的持续支持能力以永续利用，必须通过加强海洋资源的研究，通过把海洋资源的开发和保护的有效结合才能实现。

因此，深入认识海洋资源，加强对海洋资源的管理，采取针对性的海洋环境保护措施，是保证海洋资源最大限度服务于人类的重要途径。如我国为了减缓海洋渔业资源的衰退，增加渔业生产力，近年来实行了休渔政策，取得了良好的效果。

# 揭开海洋宝藏的秘密

## 摸准海洋的脉搏

海洋是一个庞大的水体,它无时无刻不在运动着。水有很强的流动性,水透过大气层接收了太阳的热能,这些热能的一部分转化成势能和动能,于是产生了海洋表面的海水与大气的物质和热量的交换,产生了波浪、海流、上升流,产生了温度和盐度的不均匀分布;月球与太阳对海水的引力产生了潮汐,也就是海面水位的变化;

海洋是一个庞大的水体,
它无时无刻不在运动着

海水的水质受到自然和人为的污染,海水中溶解的物质的浓度因而发生变化;生物的初级生产力随时随地不同。海洋中的运动变化要素,还可以举出很多,这些海洋要素随着时间、地点不断地变化。它们的变化从表面上看起来似乎是没有规律的,科学家把它们叫做随机变化,可是经过统计数学的计算,又可以找出它们的规律。人的心脏在跳动,血液在循环,要知道人的健康如何,只要摸摸脉搏就行了,脉搏的节奏、力度可以反映人体各部分的情况。海洋也是一样,上面所列出的那些要素就是海洋运动变化的脉搏。诊断疾病时,最简单的是摸手腕部的脉搏,要了解得更清楚就需要做心电图。了解海洋的情况也与此类似,可是显然要复杂得多。要摸准海洋的脉搏,就得选准能够反映海洋情况的要素,找出有代表性的观测点、观测线和海域,研究出准确、方便的方法和技术对选出来的那些要素进行测量。

在漫长的地质年代里,海底在不

停地变化,只是不容易察觉罢了。要研究海底的变化历程,预测未来的变化,探寻海底蕴藏的资源,就需要探测海底的地形、地貌、沉积物、地质结构、重力和磁力,还需要在海底钻深孔,以研究地球内部的构造。

海洋也有脉搏

这可不是件简单的事。海洋学家花了一二百年的时间,做了大量的调查研究,积累了资料,建立了包括物理海洋学、海洋化学、海洋地质学和海洋生物学等在内的海洋科学,终于勾画出给海洋"诊脉"时需要观测的问题的轮廓,制定出观测的规划,开发出了观测的技术。

在给海洋"诊脉"时,需要观测的要素非常多,五花八门。海洋学家在开始的时候,针对每一种待测的要素都要研究出一种观测技术。当时所有的观测工作都是在调查船上进行的。观测水温当然得用水银温度计,可是要想测不同深度层的水温,就得使温度计指示待测层的温度,于是研制出很巧妙的颠倒温度计,把在那一水层测得的温度的示值固定下来,再将温度计提上水面读数。测量海流的速度有两种非常直观的办法:一种是漂流瓶法,把能浮在水面的瓶子投到海中,以它漂流的距离和漂流的时间相除可以得出海流速度;另一种是从船上放出漂浮的绳子,从绳子放出去的长度和时间也可得出海流速度来。绳子是一节一节的,所以把速度的单位定为节,也就是1海里每小时,或者1.83千米每小时。从海水中用颠倒开闭的采水器舀取各层的海水样品,带回实验室用化学分析法化验,可以得出水的成分。海底的样品是用拖网、抓斗或取样管采集上来的。最原始的观测波浪的方法是用肉眼观测波浪的高低,这样的观测不但很辛苦,而且带有观测人的主观因素,因而不够准确。

随着电子技术和计算技术的发展,人们只要把待测的量(非电量)转换成与它们成正比的电量,就有办法处理了,因为处理这些转换出来的电量的模式是统一的。

把待测量转换成电量的仪器叫传感器,或者叫换能器,它能够把各种量的变化变成电压大小、电流大小或频率高低的变化。传感器是一个很兴旺的家族,有多少要素就得研究多少种传感器去对付它。

# 向海豚学习

海豚有在海水中探测目标的本领

海豚是一种惹人喜爱的海洋哺乳动物,很愿意和人交往,在海里从不伤害人,相反还能帮人驱赶噬人的鲨鱼,难怪有人把海豚看成是镇海蛟。海豚喜欢成群结队地在海面附近跳跃着向前游动,看到有船开过就游过来与船比赛,非超过不可。海豚又是海洋动物园里的明星,会表演很多杂技动作。海豚是除了人以外最聪明的动物,脑子的容量和人差不多,比猩猩大得多。人可以向海豚学习的地方很多。游泳运动中的蝶泳就是模仿海豚跃出水面的姿势。更值得仿效的是海豚在海水中靠声音探测目标、寻找食物、导航定位和进行联系的本领。人们以海豚为师,研制出了利用水下声波探测水中目标的仪器——声呐。

原来声波有个很可贵的性质,它在海水中衰减慢,能向远方传播。我们知道电磁波和光波是在大气和真空中传播信息的主要媒介,可是海水对

SH—60F 直升机吊放声呐

它们吸收得太厉害了,传不出几十米就消耗完了。然而海水对声波却网开一面,吸收得不那么厉害。在海水温度均匀的正常条件下,几十千赫频率的声波能够传到几海里到几十海里远(1海里=1.83千米),如果用更低频率的声波,还能传得更远。空气中平均声速为330米/秒,海水中的声速要高得多,达到1,500米/秒。这只是个平均值。如果海水温度升高、盐度增加、深度增加时,还会使声速提高。在这三个要素中,声速对海水温度的变化最敏感,而海水盐度的变化本来就不大。温度从海面到海底的变化对于声学是非常重要的,它决定了声波传播的距离。因为温度、盐度和深度这三个要素的重要性特别大,所以专门研制了精确地自动测量它们的仪器,简称为 CTD。在存在温跃层的深海大洋,温跃层也是声速最低层,由于声速的差异,在温跃层附近形成一个声道。如果在声道里发出声波,它就会沿着声道传播而不会散开。低频信号在声道里竟能传播到几千千米开外。

利用这个特性,可以通过声道让声波载着信息传到几千千米以外。海洋学家利用这个奇妙的现象,在大洋深处以相隔几千千米的距离布设换能器,收听从一个声源发出的声,像用 X 光分层透视人体一样,也能透视大洋里的温度变化、海流情况等。

声呐有很多用途,最早用于军事上,探测水下潜艇和水深,引导潜艇在水下航行。现在声呐的主要用途之一还是服务于海军。

声呐有主动式和被动式两种。主动式声呐由换能器发出声波,在海中遇到目标,发生散射或者反射,目标的回波回到换能器接收。目标可能是集中的,也可能是分散的,根据声波从声源到目标来回的时间乘以声速就能得到距离是多少。被动式声呐本身不发射声波,只是用接收换能器听取海中某个能发出声音的目标发出的声波,判断目标的方向和距离。原理就是这么简单,实际上要达到良好的使用效果还有很多问题需要解决。为了达到一定的指标,发射的声信号需要足够强,一般都发射短促的声脉冲,声信号还可能相当复杂;用一个换能器也许不够好,为提高性能,还得用很多个换能器布成阵;用压电陶瓷换能器发不出非常强的低频声,这时要用炸药、气枪等爆炸声源来产生所需的声波。

在海上航行的轮船必须随时知道船体下面的水深,因此每艘轮船都应装备回声测深仪。这种仪器的换能器

航母一角

装在轮船的底壳上,或者拖在轮船后面,发出短促的声脉冲,到达海底被海底的分界面反射回来,接收到回波后,用电子线路进行计算,把结果显示在图像记录上,看上去跟实际的海底轮廓一样,很形象。当然也可以转换成数字读出来,或者记录在计算机里。测深仪是轮船必备的导航仪器。要想画出海图,大面积地测量海底的地形地貌,只在航行途中测出轮船正下方一条线的深度是不够的。用多波束测深仪可以同时向一个扇面发射几十束声脉冲,分别射向不同的角度,在不同的地方到达海底,就能同时测出垂直于轮船航行的路径上的几十个点的水深,于是轮船每航行一条航线就能扫过一条带,效率就高多了。在设计下一条航线时,使下一次扫过的带和上一次稍微重叠一点,这样整个海底就尽收眼底了。地貌仪的换能器也是拖在轮船后面的,分别向左右两边斜着发射波束比较宽的声脉冲,就能将航线两侧海底的高低不平的地貌记录下来。海底表面有时有一层稀泥,并不

妨碍轮船通过，但稀泥下面的硬底却是行船的障碍，这就要使用高低两种频率的测深仪，低频能穿透稀泥，从硬底反射回来，较高的频率穿不透稀泥，从稀泥层与水的界面反射回来，就能同时测出两层海底的深度了。选择多种频率的声波探测大洋底部，还能探出锰结核的有无和多少。用比测深仪所用的声波频率更低、穿透力更强的声脉冲发射到海水中，有一部分声能穿透进入海底的沉积物中，从海底界面和各层地质结构的界面反射回来，记录下来就是海底以下的地层的结构图。这种结构图很像一幅山水画，有经验的人能从中看出海底地层的情况，一般人却难以判读。用计算机把专家们的判读经验集中起来，存在计算机里当做字典，用以判断海上测量的结果，对于了解海底以下的地层结构，也能做到八九不离十。

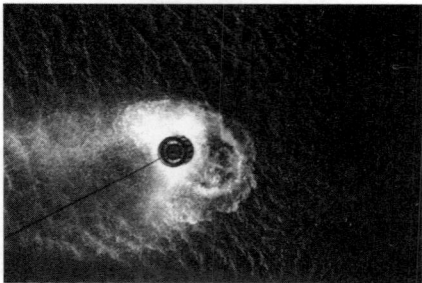
AQS—13 吊放声呐

在海底需要定位的目标上布上隔一段时间就会自动发出一个声脉冲的声信标，从它发出的信号就能找到它了。如果有3个布设在海底的声信标发出声脉冲，在船上接收，接收器到3个声信标的距离有差异，接收到3个声信标发出的信号的时间也有差异，根据这个差异可以算出3个目标相对于船的位置。倒过来，海底只有1个目标，而船上在3个位置各放置一个接收器，也能计算出相对位置来。

用声呐还可以像电视一样看到海底物体的图像和水中目标的模样，能传递电话、电视和电报等信息。声传递的信号还可以控制和操纵水下的设备、工具和潜水器。

人们虽然研制出了许多种声呐，可是在很多方面并没有超过海豚。人造声呐的结构很复杂，大的有几吨重，很难装在船上使用，耗电也有几百千瓦。而"海豚的声呐"只不过是头部的一小部分，可是用起来却是那么得心应手，使人造声呐望尘莫及。人们唯一可以引为骄傲的，就是人造声呐有先进的显示、记录系统，可以传授给别人，而"海豚的声呐"只能自己用。

声探测是人们认识海洋的重要方法之一，特别是在水下探测方面，声探测更是人们认识海洋的唯一方法。

## 巡天遥看四大洋

将传感器放在海水里能直接测出海洋某个要素的实际数据，用声学方法能在海水里测出附近一些要素的数据，而不用和它接触。可是这些方法应用的范围毕竟是有限的。

海底大地电磁探测仪

人造地球卫星发射升空后，沿着一定的轨道环绕地球旋转，每天转很多圈。极轨卫星的轨道通过两极，每次错过一个角度，转几圈后就能覆盖整个地球表面，没有遗漏和空白。卫星可以携带仪器，巡天遥看四大洋，从天上对海洋的一些要素进行遥感，也就是远距离测量。

卫星上通常搭载着光波和电磁波仪器。光波仪器是被动的，本身不发射光信号，只是接收从海面一定的小区域散射回来的太阳光。海面的温度不同，散射的红外光的强度也不同，用光波仪器就能遥感海面的水温。海面浑浊度、污染程度和初级生产力等发生变化，散射的各种波长的光也发生变化。人们把各种波长、不同强度的光的总和叫做光谱，分析接收到的来自海面的光谱就能知道海面的状况。电磁波仪器大部分是主动的，能发射出复杂的电磁波，射到海面上，散射一部分回来，分析散射回来的电磁波就

可得到海面要素的数据。少部分电磁波仪器是被动的，只能接收海面的电磁辐射。用电磁波探测海面就像用声波探测海水和海底一样，可以测出海面波浪、海流、海平面的高度、海面的污染、海冰、海面温度、盐度、海面以上风的情况，还能推测海底的轮廓和海底地形。卫星上还有多个通信用的频道，可以将测得的海面各处的各种数据向陆上的基地转发。

2002 年 5 月 15 日，我国成功发射"海洋一号"卫星。该卫星是我国第一颗用于海洋开发利用的试验型应用卫星。通过对海洋水色要素（叶绿素含量、悬浮泥沙）的探测，为海洋生物资源开发利用、海洋污染监测、防治海岸带资源开发和海洋科学研究等领域服务。

卫星和飞行器上遥感到的数据都有误差。因为光波、电磁波都要穿过变化多端的大气，所以需要将用遥感方法得到的数据与在海面用传感器测出的数据进行对照，得出校准值来校正遥感数据。光不能透过云雾，所以光波仪器还多一重困难，在有云的时候测不到海面的情况。

用遥感的方法可以"一目十行"地观测海洋，可是测得的数据并不完全反映海面的实际情况，显得比较粗糙。它的优点是有全局观点，测量的效率非常高，几乎能同时测出整个地球海洋不同海域的情况，还能连续不断地测量。如果用调查船在海面上测量，

释放 6,000 米水下自治机器人

我国海洋 1 号卫星

只能测到航线附近海域，而且效率很低，船走到下一个点时上一个点的海况已经变了，得不出同步观测和连续观测的结果，遇到狂风暴雨还不能作业。而在某个固定点进行的观测，虽然能得到连续真实数据，但是只能在有限的点观测。看来这三种办法各有利弊，不能互相代替，就像象棋里的车、马、炮一样，各有各的用途。

## 海底两万里不是幻想

100 年前法国科普作家凡尔纳幻想人能坐在船里潜行两万里，这在当时是难以想象的。可是他的这个幻想今天已经实现了。现在能够在海里潜行的船，除了在战争中攻击敌方舰船的潜艇外，兼有调查研究和工程用途的潜水器也已经发展成一个大家族了。

声波固然能从海面探测万米深渊，可是声波的波长还是太大，看不清楚海底的细微结构，更不可能从海底

采集标本。人需要潜入深渊去直接观察海底，把海底的东西拿到海面上来。海水的巨大压力是人类潜入深海的主要障碍。

早在 20 世纪 60 年代，科学家就发明了潜水器。比利时皮卡尔父子研制的"的里雅斯特"号载人潜水器，在西太平洋马里亚纳海沟中的挑战者海渊，用了 4 小时 38 分成功地潜到世界最深处，记下了10,916米的深度（后来经过精确测量，这个世界最深的海沟的深度应该是11,033米）。小皮卡尔和美国人沃什操纵这艘潜水器稳当地坐在挑战者海渊底部的软泥上，发现在这万米深渊里仍然有水母、鱼等生物。早年研制的一些潜水器曾屡建奇功。它们考察过大西洋陡峭的海岭，发现海岭上布满了裂谷；探查过红海深处最新的裂缝，看到了海底的热泉；用载人潜水器还找到了沉没在深海里的核潜艇，打捞上来丢失在海底的氢弹。这些潜水器有耐压壳体，像"的里雅斯特"号的载人压力舱是近乎球形的，直径 2 米，壁厚 127 毫米，用来抵御1,000个大气压的水压。

即使用了这么厚的壳体，潜到10,000米深处时还是被压缩了1.5毫米。潜水器内有电池供电，有自航能力，载人舱里有足够的空气，装有观察窗、声呐、摄影机和简单的机械手，另有一个装有比水轻的液体的浮力舱，还有一些可以抛弃的压载重物，用来控制升降。载人潜水器由人操纵，可以载2～4人。

载人潜水器必须考虑人的安全和生存问题，因而成本很高，用作探险工具还可以，在水下工程中广泛使用就不合算了。因此科学家研制了有缆的无人潜水器，或者叫做遥控潜水器，英文简写为ROV。这种潜水器不需要人坐在里面操作，而是从船上遥控。动力装置在船上，通过脐带里的电缆从母船传下操纵的信号，供给电能，使潜水器做各种动作，潜水器看到、摸到的情况变成电信号通过脐带传上来。因为不存在人的生存问题，在潜水器

日本的水下机器人

中除了必须防水的仪器放在比较小的耐压壳体里以外，大部分结构、部件都暴露在海水中，水可以自由流动，内外压力平衡，这些结构和部件就不需要设计成笨重的耐压设备了。因此，这种潜水器比载人潜水器轻便、便宜得多，样子更像个雪橇，而不像船。这种潜水器已经普遍用在水下工程中。

有缆潜水器的脐带往往妨碍它的运动，使它不能离母船太远，在水下工作时还得提防脐带缠在什么东西上。用声遥控、遥测来代替脐带，潜水器就摆脱了电缆。这种无缆无人潜水器可以用声信号从母船上操纵它的升降、航行、观测、采样和操作。

随着计算机技术的进一步发展，现在已经实现了潜水器的智能化。潜水器能按预先规划好的程序升降、航行和工作，能躲避偶然出现的障碍物，能根据情况作出简单的判断。这种潜水器叫做自主潜水器，也叫智能机器人。

现在发达国家已经把无人潜水器产业化，生产出各种浅海用的带有各种声学探测仪器、电视摄像机、摄影机、机械手的作业用的无人潜水器，广泛用于近海工程和海岸工程中。

美国、日本、法国、俄罗斯在最新技术的基础上又研制了6,000米的深海无人潜水器和载人潜水器，带有多种探测仪器和操作设备，用来调查海底，还用来研究开采深海锰结核和钴结壳的工艺。

潜水艇在海底

深海摄像照相

我国比发达国家发展潜水器的时间晚了20年。我国的第一艘载人潜水器是1986年研制的潜艇救援艇,能载4人,排水量35吨,最大下潜深度600米,能在水下与潜艇对接。我国也研制了"海人"等浅海潜水器,可以安装遥控调焦的电视摄像机和多功能的机械手,已经用来检查堤坝有没有裂纹,还可以在海洋油气开发中使用。

我国"863高技术计划"支持研制的6,000米无人无缆潜水器的完成,使我国的潜水器研制技术登上了一个新台阶。它能按预先编好的程序航行和工作,自动避开障碍,会自行诊断故障,也能从海面上遥控装有摄像设备、海洋测量仪器、声学导航设备和机械手,它在太平洋C—C区参加过我国的锰结核调查。

为了研究我们所居住的地球,科学家需要了解地层的结构。由于海洋底下的地层比陆地薄,所以选择在海洋中用深海钻探船钻孔取岩芯,来研究大洋地壳的组成、结构、成因和历史。由美国等6个发达国家提供经费,"格洛玛·挑战者"号深海钻探船从1968年到1983年在世界各大洋钻了1,092个深孔,获得96,000米岩芯。这艘深海钻探船排水量1万吨,耸立在船中部的钻架高出船的吃水线61米,折叠的钻杆全长6.5千米。船的位置靠声学方法固定,在大洋底部抛下一个声信标,让它发出声脉冲,船底下有4个接收换能器组成阵,分别接收声信标发出的信号,用计算机根据这4个信号控制船相对于海底声信标的位置并保持不变。提起钻杆取出岩芯样品后,再将钻杆放下去时很难保证回到原来的井口位置。除了用声信标定位外,还在井口上套上漏斗,钻杆只要碰到漏斗,就能滑进井口的孔中。这种装置叫做重返井口装置。"格洛玛·挑战者"号获得的资料证实了板块理论,探明了地层的结构。

## 海上实验室

100多年来，海洋学家把调查船作为调查研究海洋的海上实验室，不上船就不能算海洋学家。现代的海洋调查船能满足海洋学家的需要。变螺距推进系统和侧推螺旋桨使船能快能慢，还能横着走，机动灵活；船上与卫星有直接联系，靠卫星导航、传递信息和测得的数据资料。调查船的最大特点是有宽敞的后甲板和多种起吊机械。后甲板离海面的高度尽量低，可以把各种复杂的设备、潜水器施放到海里，再把它们安全地回收上来。船上配备有测深、测流的声呐，测海水温度、盐度和深度的自动仪器，以及各种用途的采水器、采样器、采泥管和拖网。集装箱式实验室可以整个吊上船固定，还可以配备探空的气球、探海的浮标以及测量气象的仪器。较大的调查船上还配备了直升机。

我国在1958年进行的全国海洋普查，吹响了近海海洋调查的号角。

我国海监83海洋调查船装备了直九型直升机

当时调集了大量船只和人员，把渤海、黄海、东海和南海的近海普遍调查了一遍，得到了大量的比较完整的资料。在这以后，对于典型海区、典型航线的调查每年进行几次，一直没有间断。我国的近海调查，开始时使用的是用旧船改装的调查船，后来研制了很多艘专用的海洋调查船，像"东方红"号、"实践"号、"远望"号和"向阳红10"号等，还引进改装了"极地"号、"雪龙"号等极地调查船。我国研制的和引进后改装的大量调查船，设备都相当先进，能承担起远洋调查的任务。我国在太平洋C－C区的调查，发现了锰结核矿区，详查了30万平方千米，使我国取得先驱投资国地位，获得了7.5万平方千米矿区；在南大洋调查了南极附近海域，了解了磷虾资源的分布，在南极洲建立长城站和中山站两个南极站；在北极建立了黄河站；进行了首次环球大洋深层洋底科学考察。国际上对大洋研究得已经比较透彻，现在又回过头来把注意力转向浅海、近海，而我国对浅海、近海的研究却有独到之处。

发达国家关心近海的目的是划分更多的专属经济区。按照已经批准生效的《联合国海洋法公约》，沿海国家可以获得200海里宽的专属经济区。按200海里划分，很多国家的要求都是重叠的，在这方面我国与所有的沿海邻国和相向国都有争议。美国等国在调查船上用多波束测深仪、海底地貌仪等仪器把它附近的海域都调查了一遍,了解了地形地貌、资源情况,也为划得专属经济区找到依据。我国对邻近海域海底地形地貌调查的需要更加迫切,只有查清了海底,才能在与邻国的谈判中立于不败之地。

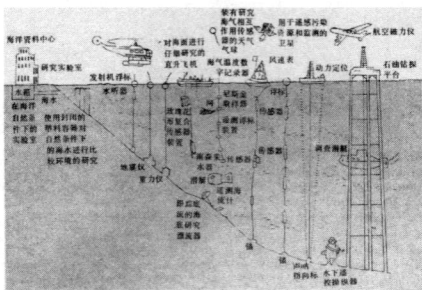

现代海洋调查立体观测系统

# 全球海洋观测系统

各国的决策人和科学家逐渐认识到海洋是一个整体,而且是经常不断地变化的,观测海洋不能一劳永逸,必须全球一致建立制度共同观测海洋。

全球海洋观测系统是一个立体观测系统,只靠海上实验室——调查船进行海洋观测是远远不够的,还要利用海洋油气开发平台、浮标、潜在海水里的浮标——潜标、放置在海底的仪器舱、潜水器、岸边海洋观测站和岛屿海洋观测站、飞行器以及卫星等进行观测。立体海洋观测系统就是由装在这些仪器平台上的仪器组成的。

利用浮标观测是立体海洋观测系

中国海洋观测站

统的重要一环。浮标是空心的薄壁金属壳体,做成球形、圆柱形或船形,有浮力,能浮在海面,或潜在海中某一深度,壳体上和壳体里面都可以装仪器,电池和运算用的计算机放在壳体里面,壳体的上部装有天线。有的浮标是锚系在固定站位的,可长期、经常地观测海洋要素,通过卫星与基地联系。有的浮标随着海流漂浮。有的浮标是测专项要素的,例如波浪浮标、污染(或称水质)浮标等。

立体海洋观测系统有集中的信息系统和预报系统。各种各样的传感器测到数据,然后集中起来,用计算机按一定的模型计算,得到标准化的资料。这些资料可以在当时用于分析,也可以存在数据库里,供以后使用。

观测海洋是十分重要的,有了实时资料,海洋预报中心就可以发出海浪、海水温度和海冰等海况的预报,我国中央电视台第一套节目每天中午都发布一次海况预报。如果发生风暴潮等灾害,可以提前发出预警,使沿海人民及早采取防范措施,以减少灾害所

中国海洋观测站

造成的损失；根据大洋里风浪的情况，可以对远航的轮船进行航线预报，也叫气象海洋导航，使船长能选择最安全、最经济的航线；把海洋观测得到的大量历史资料积累起来，用统计学方法进行推算，可以得出某一海区或港口多年一遇的最恶劣的海况数据，根据这些数据设计出来的海洋工程结构是最合理、最经济、最安全的。因此，可以说海洋观测是海洋工程中最基本的技术。

# 海洋资源知多少

## 海洋宝藏概览

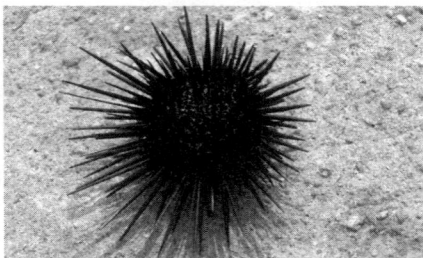

*海洋里最美的生物之一——海胆*

海洋不仅辽阔广大、深不可测，而且极为富饶，是一个巨大的资源宝库。

海洋资源按成因分类，大致可以分为以下几种：

**生物资源** 即生活在海洋中可被人们利用的动、植物资源，包括鱼、虾、贝、藻及其他各种野生海洋动、植物。

**化石燃料资源** 主要指海洋石油和天然气、海底煤矿。这些都是埋藏在海底岩层中的碳氢化合物，可做燃料。通常认为它们是古生物遗体经地质变化生成的，所以被称为化石燃料资源。

**深海矿物资源** 包括大洋锰结核、海底钴结壳和海底热液矿床等。它们都是分布在海底表层，在深海条件下自生成矿的多金属矿产资源。

**海滨砂矿资源** 主要是指因海水流动而使金属或非金属固体矿物砂粒在海滨聚集而形成的次生矿床。包括砂、砾石及其他各种珍贵的金属、非金属砂矿资源。

**海水化学资源** 海水、陆地水和大气中的水构成地球的水圈，是一个无限循环的系统。在地球水无限循环过程中，各种物质溶解并富集在海水中。现在已经从海水中检测出 80 多种元素，占地球上已知元素的 80％左右。海水化学资源包括海水水资源、地下卤水资源（渗入地下贮藏起来的浓缩海水）和其他海水化学物质资源（盐、溴、碘、氯化镁、氯化钾、铀、重水和其他可提取的稀有化学元素等）等。

**海洋能源** 因海水运动和态势而形成的可再生能源，包括潮汐能、波浪能、海流能、温差能和盐差能等。

海洋空间资源　指可以利用的各种海洋空间,例如:港湾、航道、滩涂、湿地和退海荒地等。海洋风景旅游地和可用于科学研究、实验的场地等,也可列入海洋空间资源。据估计,地球上 80% 的生物资源在海洋中。有人计算过,在不破坏生态平衡的条件下,海洋每年可提供 30 亿吨水产品,能够养活 300 亿人口。在海洋水产品中,人们吃得最多的是鱼类。全世界有鱼类 2 万多种,中国海域约有 2,000 种。世界渔场大都分布在大陆架。

海底宝库

海洋也像陆地一样,有肥美丰产的地方,也有贫瘠荒凉的不毛之地。全世界海洋渔获量的 97% 是在只占全球海洋面积 7% 的大陆架海域捕捞的。盛产鱼的海域称为渔场,世界最著名的四大渔场是:北太平洋渔场、东北大西洋渔场、西北大西洋渔场和秘鲁沿海(东太平洋)渔场。这些渔场中出产的主要经济鱼种有:鲱鱼(青鱼)、鳕鱼(明太鱼)、鲭鱼(鲅鱼、马鲛鱼)、大马哈鱼(鲑鱼)、鲽鱼(比目鱼)、金枪鱼、沙丁鱼、乌贼(鱿鱼)、虾、蟹和鲸

等。中国沿海,东非、西非沿海,澳大利亚以东的太平洋和以西的印度洋海域也是世界上著名的渔场。南极海域则是磷虾资源丰富的海域和大型海洋哺乳动物鲸的出没之地。

海底海洋生物

我国东、南两面为海洋环绕。我国沿海自北向南划分为渤海、黄海、东海和南海四个海区,跨越温带、暖温带、亚热带和热带四个气候带。我国近海大陆架宽广,有长江、黄河、珠江和辽河等大小 5,000 多个河流汇入。发源于台湾东南赤道海域的暖流,即著名的“黑潮”,自南向北流经我国海域,与北方的沿岸寒流相交汇。这样优越的自然条件造就了我国近海的渔场富饶多产。我国近海渔场面积 150万平方千米,主要渔场有:黄渤海渔场、吕泗渔场、大沙渔场、舟山渔场、南

海沿岸渔场、东沙渔场、北部湾渔场、中沙渔场、西沙渔场和南沙渔场等。其中的黄渤海渔场、舟山渔场、南海沿岸渔场和北部湾渔场由于产量高，被称为中国的四大渔场。

我国近海渔场有鱼类1,700多种，主要经济鱼类有70多种，包括大黄鱼、小黄鱼、带鱼、鲐鱼、鲳鱼、鳓鱼、纳鱼、马鲛鱼、青鱼、鳗鱼、马面钝、蝶鱼、石斑鱼、金枪鱼以及墨鱼（乌贼）、对虾、毛虾、梭子蟹和海蜇等。其中大黄鱼、小黄鱼、带鱼和墨鱼是我国人民喜欢食用而且产量较大的海洋水产品，被称为"中国四大海产"。

## 无穷的盐资源

为什么海水又咸又苦呢？这是因为海水中含有大量的可溶性物质，其中大部分是盐类，如盐酸盐、硫酸盐和碳酸盐，而最主要的盐是氯化钠，也就是我们每天都少不了的食盐，约占78%，此外还有各种镁盐和钙盐。这些盐溶于水中，使得海水中含有大量的钠离子和镁离子，由于钠离子是咸的，镁离子是苦的，所以海水就又咸又苦了。

我国是海水晒盐产量最多的国家，也是盐田面积最大的国家。我国有盐田3,760立方千米，年产海盐1,500万吨左右，约占全国原盐产量的70%。我国著名的盐场，从北往南有

我国有丰富的海盐资源

辽宁的复州湾盐场，河北、天津的长芦盐场，山东莱州湾盐场，江苏淮盐盐场以及浙江、福建、广东、广西、海南的南方盐场。每年生产的海盐，供应全国一半人口的食用盐和80%的工业用盐，还有100万吨原盐出口。我国海盐业对国家的贡献是很大的。

## 淡水资源

冰山

科学家调查研究表明，我们人类生存的这颗星球的水资源总量约达14.1亿立方千米之巨，其中海水约占97.2%，陆地水约占2.8%。陆地水

中的大部分是冰川和永久性积雪,再除去咸、盐水外,实际可利用的淡水仅占陆地水的 0.64%。陆地水资源的数量很少,可供利用的淡水资源则更少。难怪有识之士惊呼:人类面临的下一个生态危机将是淡水资源短缺!为了开辟新的水源,解决用水紧张问题,人们不约而同地把目光投向巨大深邃的海洋,沿海一些工业发达国家相继开始向海洋索取淡水资源。依靠现代科学技术手段,充分开发海水资源,是人类克服全球淡水资源短缺危机的必由之路。

在地球的南极,有着千米厚内陆冰盖以及南、北极洋面上漂浮的无数大小冰山,最大的能够达到数百平方千米,构成极为丰富的淡水库。

## 海洋里的化学元素

海水中溶解了大量的气体物质和各种盐类。人类在陆地上发现的 100 多种元素,在海水中可以找到 80 多种。人们早就想到应该从这个巨大的宝库中去获取不同的元素。

难以提取的钾是植物生长发育所必需的一种重要元素,它也是海洋宝库馈赠给人类的又一种宝物。海水中蕴藏着极其丰富的钾盐资源,据计算,总储量达 $5×10^{13}$ 吨,但是由于钾的溶解性低,在 1 升海水中仅能提取 380 毫克钾。

溴是一种贵重的药品原料,可以生产许多消毒药品,例如大家熟悉的红药水就是溴与汞的有机化合物。溴还可以制成熏蒸剂、杀虫剂和抗爆剂等。地球上 99% 以上的溴都蕴藏在汪洋大海中,故溴还有"海洋元素"的美称。据计算,海水中的溴含量约 65 毫克/厘米$^3$,整个大洋水体的溴储量可达 $1×10^{14}$ 吨。

镁不仅大量用于火箭、导弹和飞机制造业,还可以用于钢铁工业。近年来镁还作为新型无机阻燃剂,用于多种热塑性树脂和橡胶制品的提取加工。另外,镁还是组成叶绿素的主要元素,可以促进作物对磷的吸收。镁在海水中的含量仅次于氯和钠,总储量约为 $1.8×10^{15}$ 吨,主要以氯化镁和硫酸镁的形式存在。全世界镁砂的总产量为 $7.6×10^6$ 吨/年,其中约有 $2.6×10^6$ 吨是从海水中提取的。

海水中存在着多种元素

铀是高能量的核燃料,是原子能工业的重要原料。陆地上的铀矿资源非常有限,铀矿储量只不过 100 万吨,而海水中却有取之不尽的铀矿藏,高达 45 亿吨,是陆地储量的 4,500 倍。

有人测算,1千克铀可供利用的能量相当于2,250吨优质煤,如果将来海水中的铀能全部提取出来,比地球上目前已探明的全部煤炭储量还多1,000倍。

"能源金属"锂是制造氢弹的重要原料。海洋中每升海水含锂15～20毫克,海水中锂总储量约为 $2.5×10^{11}$ 吨。随着受控核聚变技术的发展,同位素锂－6聚变释放的巨大能量最终将和平服务于人类。锂还是理想的电池原料,含锂的铝镍合金在航工业中占有重要位置。此外,锂在化工、玻璃、电子和陶瓷等领域的应用也有较大发展。因此,全世界对锂的需求量正以每年7%～11%速度增加。

## 海洋——天然的运输线

海运航线是天然的道路

海洋虽有风涛、暗礁之险,却是平坦无阻的天然水上大道,把世界上绝大多数的国家和地区连接了起来。在没有任何航渡工具的洪荒太古时代,海洋分隔不相连接的各大陆和岛屿,

成为不可逾越的障碍。人类一旦掌握了航渡技术,特别是在现代航渡工具高度发达的情况下,海洋成为世界各地交通运输的大动脉。全世界上万个大小港口通过密如蛛网的海上航线,把各国连通起来。

海运航线是天然的道路。海洋航路通过能力不受限制,可以多船并行、自由超越和相互交会。开辟这样的航路,不用征用土地,不要投入巨额资金和劳工,也无需日常维护与保养。

海运可以运送各种形状、形态和尺寸的货物。固态的、液态的、气态的,颗粒状的、粉末状的,其他形状和巨大尺寸的整体货物,都可以装运。每年40多亿吨的海运外贸货物中,液态的石油占了海运量的一半左右,其次是固态的矿石、煤炭和粮食。这几种货物是海运的大宗,占了海运量的60%以上。

海洋航路通过能力不受限制

海上航道没有爬高和下坡,可节省额外的燃料消耗;海水摩擦力小,很小的动力便能推动巨大的轮船前进;海船可以设计得很大,为节省运费,已

经建造了载重几十万吨的货船和载重上百万吨的超级油轮。不难计算，一艘25万吨的矿石船装运的货物，用载重量为 10 吨的大卡车运输，需要25,000辆；用火车运输，需要载重量为50 吨的车皮5,000节，以 25 节编组一列火车，则要编组 200 列火车。要知道，这样巨量的矿石，是远从巴西或澳大利亚产地航行上万千米运往目的地的。公路、铁路运输，怎能与海运相比。

## 海洋中的奇珍异宝

由各种途径进入海洋的泥沙和尘埃含有各种不同的元素。不同成分的尘埃颗粒，密度、比重不同，粒径大小不同，扁、圆形状也有差别。千万年来，这些特征各异的矿物碎屑，在波浪、海流作用下，分别聚集沉积在一起，就形成了海滨砂矿床。

海底环境多种多样，海底矿产业丰富多彩。如果从海岸带出发，向海洋方向走去，经过大陆架、大陆坡，一直到大洋盆地，海底会向人们展示出几大矿藏类型。

（1）海滨砂矿

在海岸带的海滩堆积物中，已探明的各种砂矿 60 多种，其中金、铂等金属，金刚石、红宝石、锆石、金红石和独居石等宝石，以及钛铁矿、磷钇矿、磁铁矿和砂锡矿等 16 种极具有工业开采价值。我国的海砂储量十分丰

海洋石油勘探

富，已探明各类砂矿床 191 个，总量达 16 亿吨。几乎世界上所有海滨砂矿的矿物在我国沿海都能找到。

（2）大陆架和大陆坡矿产

在近海陆架底床基岩里，蕴藏着各种和陆地一样的层状、脉状矿藏，如煤炭及铁、铜、铝、锌等金属矿床；在大陆架和大陆坡的沉积盆地，蕴藏着丰富的石油和天然气。据不完全统计，海底蕴藏的油气资源储量约占全球油气储量的1/3。法国石油研究机构的一项估计是：全球石油资源的极限储量为 1 万亿吨，可采储量为3,000亿吨，其中海洋石油储量约占 45％，即可采储量为1,500亿吨；天然气可采储量 140 万亿立方米。中东地区的波斯湾，美国、墨西哥之间的墨西哥湾，英国、挪威之间的北海，我国的渤海、黄海和东海的大陆架极其宽阔，上面铺盖着亿万年来的沉积物，蕴藏着极丰富的石油和天然气矿藏。经过初步查明，我国已发现 300 多个可供勘探的沉积盆地，面积大约有 450 多万平方

千米。从 6 亿岁的老地层到最新的地层中，都发现了石油和天然气，近海已发现的大型含油气盆地有 10 个，已探明的各种类型的储油构造 400 多个。据科学家估算，我国的海洋石油储量可达 22 亿吨，天然气储量达 480 亿立方米。

(3)海底可燃烧的"冰块"

近几年来科学家在海底的考察中发现了一种新的矿藏——固态天然气矿。由于这种固态天然气矿的外表同冰很相似，其晶体结构是 6 个水分子包围着一个可燃气体分子，在晶体中的可燃气体四面受压，气体分子处于紧密的压缩状态，变成固态气体，因为这种固态气体可以作为燃料，所以就叫做"可燃冰"。那么，可燃冰是怎样形成的呢？我们知道，地壳中分布着碳氧化合物，在低温、高压的条件下，分散在地壳中的碳氧化物会聚集起来，生成气体水合物矿层。生成和蕴藏气体的水合物在地壳中广泛存在，在海洋底部，更适合可燃冰的生成和贮存。日积月累，海底的可燃冰便一层层地生长，从而在海底形成大片的可燃冰矿藏。现已探明，可燃冰的分布很广，据初步估计，储量可达 2,500 万亿～5,000 万亿立方米，为目前世界所探明的天然气储量 76 亿立方米的近百倍。

(4)深海矿产——锰结核

大洋底蕴藏着极其丰富的矿藏资源，锰结核就是其中的一种。它含有

30 多种金属元素，其中最有商业开发价值的是锰、铜、钴和镍等。

大洋底蕴藏着极其丰富的矿藏资源

锰结核广泛地分布于世界海洋 2,000～6,000 米深海底的表层，而以生成于 4,000～6,000 米水深海底的品质最佳。锰结核总储量估计在 30,000 亿吨以上，其中以北太平洋分布面积最广，储量占一半以上，约为 17,000 亿吨。锰结核密集的地方，每平方米面积上有 100 多千克，简直是一个挨一个铺满海底。

海洋石油勘探

(5)海底热泉

随着深潜器的发展，科学家们在海底发现了类似陆地温泉的海底热

泉。与陆地温泉相比,海底热泉数量要少得多,但能量却大得多。在海底,热液从海底的喷口溢出,形成热泉,它在海水中如滚滚浓烟,呈柱状升起,蔚为壮观。科学家发现,在热泉喷发的地方有丰富的钙、钡、镉、锰、铁、铜、锌和铅等金属元素,这就是由海底热液形成的多金属热液硫化物矿床,为人类开辟了新的资源领域。迄今为止,已发现热泉的海域不到 60 处,据调查统计,这些海底热泉每年喷入海洋的热水约 150 立方千米。海底热泉的水量并不多,可每年带入海洋的矿物质却不少,例如,仅钙、钡、镉和锰等金属输入海洋中的数量每年就达几万吨至几十万吨。另外,还带有大量气体,如二氧化碳、氦气、氢气和甲烷气等。海底热泉多数分布在大洋中脊,也常在有水下火山的海域发现。

# 多姿多彩的海洋生物

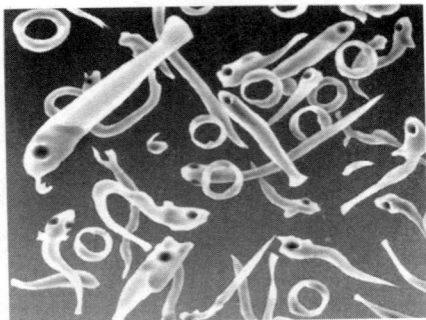

海洋中的浮游生物显微照片

## 随波逐流的浮游生物

海洋鱼类及各种海洋动物都是以漂浮在海水中的微小的植物和动物——浮游生物为食物的，就像我们人类是以农业生产的粮食和畜牧业生产的家畜为食物一样。海洋浮游生物是海洋生物的重要组成部分，它们数量庞大、种类繁多，可以分为海洋浮游动物和海洋浮游植物。它们能够随着波浪和海流一起移动。海洋浮游植物是自养生物，主要包括海洋细菌和一

些单细胞藻类，它们可以自己制造有机物，主要是碳水化合物和氧气。正是由于它们的存在，其他生物才能够生存，它们是海洋食物链中重要的一环。

## 五花八门的棘皮动物

海洋中有鲜红色的长棘海星、体型硕大的面包海星，还有那美丽的壳形海胆，身体呈紫红色，花瓣似的棘上有美丽的花纹，其棘粗壮而且颜色变异很大，可制作烟嘴，故又名"烟嘴海胆"。

颜色艳丽的海百合

在很深的海底还生长着一种"植物"，你看它那挺拔的"茎秆"节节生枝，顶端是一朵含苞欲放的"花朵"。由于它的形状像百合，所以人们就称它为"海百合"。科学家们早已剥去了海百合的伪装，原来它和海葵一样也是十分凶残的动物。海百合属于棘皮动物，它和海参是近亲。

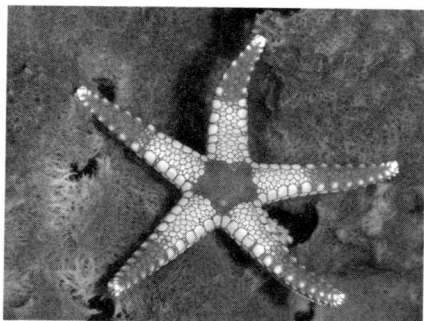
颜色艳丽的海星

美丽的有柄海百合，固着于较深的海域，伸出的腕好像风车，迎着水流捕捉食物，好似那陆生的颗颗葵花。无柄海百合又名"海羊齿"，它既可固着又可靠其腕划动，色彩绮丽，在海中的游泳动作像蝴蝶在翩翩起舞。还有那体大肉厚、红色的梅花参，身上的棘状突起像朵朵盛开的梅花，鲜艳夺目。

## 顶盔戴甲的节肢动物

节肢动物是动物中最大的一个门类，在目前已知的100多万种动物中，它约占85%。该门类动物的身体分为头、胸和腹三部分，附肢分节，故名节肢动物。目前，在中国海共记录节肢动物4362种，约占中国海全部海洋生物物种的1/2。海洋中的节肢动物有肢口纲、海蜘蛛纲、昆虫纲和甲壳纲四大类，其中甲壳纲是很重要的海洋生物类群，像我们平常喜爱吃的虾和蟹就属于这个纲的生物种类。

## 五光十色的软体动物和腔肠动物

海兔

海洋中的软体动物，俗称海贝。海贝不仅种类繁多，而且分布极广，寒、温、热三个海域，上、中、下三层水深，都有它们的踪迹。尽管海贝的形状各不相同、色彩各异、生活习惯不一，但总的来说，它们的共性是身体柔软不分节，由头、足、内脏、外套膜和贝壳五部分组成。

由于海贝与人们生活有比较密切的联系，所以大家对它们并不陌生。例如，形如扇面的扇贝，壳面有虎纹样

鹦鹉螺

斑点而得名的虎斑宝贝；素有"贝王"之称的砗磲；世上稀有之宝玛瑙贝；洁白如玉兰的白玉贝；雪白似银的日月贝；还有珍珠母贝、珠耳贝、贻贝、沙蛤、花蛤、西施舌、蚶、蛎、米螺、角螺和伞螺等不下 10 余万种。光听这些别致的名字，你就知道五彩缤纷、千姿百态的海贝有多么漂亮。

腔肠动物在分类学上属于低等的原生动物。刺细胞是腔肠动物所特有的，它遍布于体表，触手上特别多，因此腔肠动物又被称为刺胞动物。

美丽的小丑鱼在海葵中游动

目前，在中国海记录到各种海洋腔肠动物，共计是 1,010 种，它们分别属于腔肠动物门的三个纲。第一个纲

是水螅水母纲，典型代表动物是水母，中国海已记录 456 种；第二个纲是钵水母纲，典型代表动物是海蜇，中国海已记录 39 种；第三个纲是珊瑚虫纲，典型代表动物是珊瑚和海葵，中国海已记录 515 种。

水母的身体呈盘状或古钟状，分为伞盖体和垂管两部分。伞盖体上方隆起的一面称为外伞，下方凹入的一面称为内伞，伞缘有一圈触手，伞管呈长管状，位于内伞中央，其末端有口。这种体型非常适合漂浮生活。

海蜇的身体分为伞部和口腕部两部分。伞部是个体的上半部，隆起呈馒头状，直径达 50 厘米，最大可达 1米；胶质较坚硬，通常青蓝色，触手乳白色。口腕部为伞部以下部分，由内伞中央下垂的圆柱体和口柄组成，口腕 8 枚，缺裂成许多瓣片。海蜇广布于我国南北各海中，其中以浙江沿海最多。海蜇可供食用，并可入药。捕获后以明矾和盐处理，除去水分，洗净后再用盐渍，伞部称为"蜇皮"，口腔称为"蜇头"。

珊瑚是生活在温暖海洋中的一种腔肠动物，对水温、盐度、水深和光照条件都有比较严格的要求，适宜的海水温度在 25℃～29℃ 之间，盐度在2.7‰～4‰，水深在 20 米以内，海水的透明度要高。它与晶莹透明、在海洋中过着漂泊生活的海蜇以及素有"海底菊花"之称的海葵都是本家。

珊瑚虫的身体呈辐射对称状，体

壁具有石灰质的外骨骼。与水母和海蜇不同,珊瑚虫均在底栖生活。若按形态特征分,可将珊瑚分为造礁珊瑚和非造礁珊瑚两大类。造礁珊瑚因为有单细胞的虫黄藻与之共生,钙化生长速度快,所以能造礁;而非造礁珊瑚由于没有虫黄藻与之共生,钙化生长速度慢,所以不能造礁。造礁珊瑚仅生活在热带浅水海域,故又称浅水珊瑚;而非造礁珊瑚多栖息于世界海洋的深水区,则称为深水珊瑚或冷水珊瑚。

鳐鱼

# 种类繁多的游泳动物

善于游泳是鱼类又一重要特征。鱼在海水中游泳轻松自如、姿态优美,令人羡慕不已,人们希望也能像鱼儿那样,在水中生活。有些鱼长有像鸟儿一样的翅膀,可以飞到水面上空,滑翔数百米。如果你有机会到中国的南沙群岛海域去航行,在船头便会不断地有成群的飞鱼飞翔两侧,就像马车走在田野里不断哄起成群的麻雀一样。有些鱼类有着灿烂的七色花纹,在海水里优雅地跳着舞步;有些鱼能够发光,为自己在黑暗中照明。

鳗鱼

海洋鱼类的生存区域遍布海水的各个层次。生活在海洋中上层的鱼是人类捕捞的主要对象。底栖鱼类在海底烂泥上觅食,渔民的网具不易捕捉到它们。深海底层的鱼类必须能够承受巨大的压力、寒冷、黑暗以及食物缺乏等严酷的环境。有些鱼从生到死整个生活区域分成海洋和内陆淡水区域两部分。鳗鱼又细有长,像蛇一样,没有鳞甲,但是,鳗鱼实实在在是鱼类大家族的一员。雌雄成年鳗在海洋里交配产卵并双双死在那里。鲑鱼(大马哈鱼)正好相反,它们在江河、湖泊淡水中产卵并孵化出幼鱼,再游到海洋中生长。我国东北黑龙江、松花江、图们江、乌苏里江和兴凯湖都是北太平洋鲑鱼的产卵地。

海洋鱼类因繁殖(产卵、育幼)、觅食和越冬需要追逐适宜的海水温度环境,而作有规律的远距离迁徙的现象叫做"洄游"。鱼类洄游的时间、路线和目的很有规律。鱼类洄游是成群结队的,便于捕捞获得丰收,形成"鱼汛"。因此,掌握鱼类洄游规律,对于捕捞生产十分重要。

## 古老而顽强的爬行动物

海洋爬行动物包括海龟和海蛇两类。这两类爬行动物主要产生于暖水海洋中,位于北半球暖温带的近海,只是偶然的机会,在夏、秋季海水温度升高的时候才能发现其行迹,而且数量也较少。

海龟

### (1)海龟

海龟是海洋龟类的总称。生活在我国海洋中的海生龟类有5种(全世界也只有7种),主要分布在西沙群岛和广东省惠东县港口,其次在海南省三亚市郊沿海和陵水县沿海。中国海记录的海龟有棱皮龟、海龟、幅龟、玳瑁和丽龟等5种,都是国家级保护动物。

海龟是现今海洋世界中躯体最大的爬行动物。其中个体最大的要算是棱皮龟了,它最大体长可达2.5米,体重约1,000千克,堪称海龟之王。

海龟生活在热带、亚热带海洋里,以鱼、虾、蟹和贝为食,有的种类,如玳瑁、海龟,还吃海藻。

每年到产卵季节,海龟就会不远万里、漂洋过海回到它们出生时的故土,到陆上产卵。产卵场必定是沙子细(沙粒直径为0.05~0.2毫米)、满潮时潮水达不到的沙滩。沙滩宽阔而且坡度平缓,前面没有岩礁等大的障碍物,以朝南最好。

每年的五~八月是它们的生殖季节。

海龟卵的大小、形状很像乒乓球。温暖的阳光和舒适的沙窝造成一个理想的孵化床,小海龟在卵中慢慢地孕育变化。沙地温度在28~30℃时,大约经历60个昼夜,小海龟便破壳而出,本能地纷纷爬进白浪滔滔的大海。在大海的摇篮里开始了自己艰难的生活,循着祖先走过的路径去游历大洋。大约经过7~8年时间达到性成熟,它们又开始生儿育女。成年的海龟,不论漫游到哪里,每年都要千里迢迢返回"故乡"产卵。

海龟是一类十分温顺而又十分可爱的动物。它们全身都是宝,龟板是贵重的药材和工艺品原料,肉可食用,脂肪是制造高级香皂和化妆品的原料。

海蛇

（2）海蛇

海蛇是一类终生生活于海水中的毒蛇。海蛇的鼻孔朝上，有瓣膜可以合闭，吸入空气后，可关闭鼻孔潜入水下达 10 分钟之久。身体表面有鳞片包裹，鳞片下面是厚厚的皮肤，可以防止海水渗入和体液的丧失。舌下的盐腺，具有排出随食物进入体内的过量盐分的机能。小海蛇体长 0.5 米，大海蛇可达 3 米左右。它们栖息于沿岸近海，特别是半咸水河口一带，以鱼类为食。除极少数海蛇产卵外，其余均产仔，为卵胎生动物。

我国有海蛇 19 种，广泛分布于广东、广西、福建、台湾、浙江、山东和辽宁等省的沿岸近海。常见的有青环海蛇、平颏海蛇和长吻海蛇。海蛇可供药用，具有祛风止痛、活血通络和滋补强身的功效。

## 形态各异的哺乳动物

热血的、胎生的、以母乳哺育幼兽

的海洋动物叫做海洋哺乳动物，也可以称它们为海洋中的野生兽类。

鲸

鲸是海洋中的哺乳动物。鲸的种类很多，个体有大有小。最大的一种叫蓝鲸，长达 30 多米，重达 160 多吨，每天要吃 2 吨食物。因此说，蓝鲸是地球上最大的动物。鲸是用肺呼吸的。科学家研究证明，鲸是一种原来生活在陆地又重新返回海洋的动物。说它"重返"海洋，是因为理论上它们最早的祖先也是从海洋里产生的。鲸一口气能在水下憋上 5～10 分钟，有的能憋上一个小时。鲸到水面上换气时，呼出废气的喷气压力很大，连气加水就像间歇喷泉一样的冲天水柱高达十几米，十分壮观。

在聪明智慧方面与人类最为接近的海洋动物是海豚，海豚也是鲸类家族的一员，是一种小型的鲸。海豚能够接受人的训练，听从人的命令，到水下执行任务。

海狮、海豹、海象、海狗、海牛和海獭都是哺乳动物。看上去非常丑陋的

儒艮

海牛，在中国却有一个非常迷人的名字——"美人鱼"。"美人鱼"的学名叫做儒艮，听起来也很文雅。儒艮生活在亚洲热带海洋里，我国南海沿岸就有分布。它们用尾肢踩水，露出半个身子，在海面上用前肢抱着幼仔喂奶。远远看去，像个正在给小孩喂奶的少妇。中国的文人见了，便给它们起名"美人鱼"。

海鸥

## 自由自在的飞禽动物

　　海洋的上空也是不寂寞的。翱翔在海洋上空、从海洋里获取食物的鸟类有8,000多种，约占世界已知鸟类种数的30%。虽然它们为了孵蛋、养育幼鸟，需要在陆地上筑巢，但是它们的一生，大部分时间是在海洋上或在飞越大洋中度过的。

　　一提起海鸟，人们往往会想到海鸥、海燕和信天翁，其实，海鸟的种类很多。人们习惯把海鸟分为两大类：一类被称为大洋性海鸟，如信天翁，这种鸟在远离大陆的大洋上空生活，除繁殖期外，几年可以不着陆；另一类为海岸性海鸟，如海鸥、军舰鸟，这种鸟白天出海觅食，天黑返回陆地过夜。

军舰鸟

　　信天翁和海燕是典型的大洋鸟。它们体大翅长，其中一种名为流浪者的信天翁，两翅张开长3.6米以上。无论刮风下雨，它们整天在大洋上空飞行，在闪电雷鸣的夜间海空里，也常能瞥见它们急掠的身影。带有红色颈囊的军舰鸟，则是典型的沿岸和海湾水域的栖息者。海鸥是最常见的海洋鸟类，叫声像猫叫。我国北方的渔民管它们叫海格子。海鸥为了觅食，常常伴随海上军舰和轮船航行，觅食船尾被螺旋桨打晕的鱼虾。海员开饭的时候，无论是航行状态还是在港湾里停泊，都有大批海鸥准时赶来，争抢海员丢弃的剩饭剩菜，为海员寂寞的海上生活增添许多乐趣。海鸥是海员的好朋友，海员都不伤害海鸥，海鸥也信任海员。企鹅也是海洋鸟类，不过，企鹅的飞行能力已经退化。但是，企鹅能够用灵巧有力的短翅，在冰冷的海水里飞快地游动。

　　海鸟有高超的潜水本领，大部分能潜到十多米直到上百米。鲣鸟可从100多米高空收拢双翼，如同一枚发射的炮弹，钻入海中，下潜几十米，然后再浮上水面。为了防止潜水时海水灌入鼻孔，这类海鸟的鼻子经过长期演化，已失去外鼻孔。海鸟中的潜水冠军要算南极的企鹅了，它能下潜到270多米的水中。海鸟还有迁徙的习性，如威尔逊海燕在南极海域的岛屿上繁殖，而要飞越1万多海里北上到拉布拉多度夏，待南半球夏季来临时再返回。海鸟这种导航定向本领，目前仍属科学上的不解之谜。

# 不同环境下的海洋生物

　　由于海洋环境要比陆地上复杂得多，因此，一般的海洋生物要比陆地生物的繁殖力强，它们的求偶、繁殖和生殖方式，都非常巧妙。即使是这样，在众多的海洋生物群落中，也只有少数强壮的才在适应了其生存环境之后存

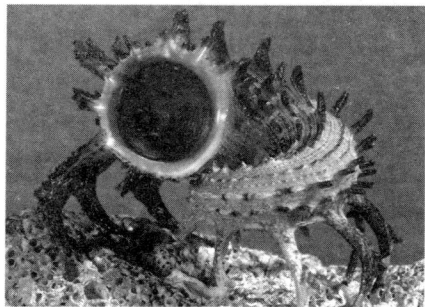

普通鸟蛤

活下来。这是因为，在海洋里，由于光线、压力、盐度、海流、潮汐、波浪、营养盐以及地质等条件的不同，形成了千差万别的生存环境。在各种环境中，不管是什么样的生物，只要它活下来，即对周围环境产生了惊人的适应能力。当然，这种适应能力不是无限的。当环境由于外来因素发生突然变化时，超过其生理允许限度，这些生物不逃亡，便会死亡。从另一个方面看，在众多的海洋生物群体之间，也有一个相互间适应的生存需要。这种互为依存的生存需要，是在食物链关系下产生的。这种关系经历了漫长的演变和进化过程，形成了相对稳定的结构，保持着生态平衡状态。在不同的海洋环境中，有着完全不同类型的生态系统。例如，在潮间带有由各种生物组成的潮间带生态系统。这一个个生态系在它们适应了自身的生

活环境之后组织起来,这就是整个海洋的生态系。

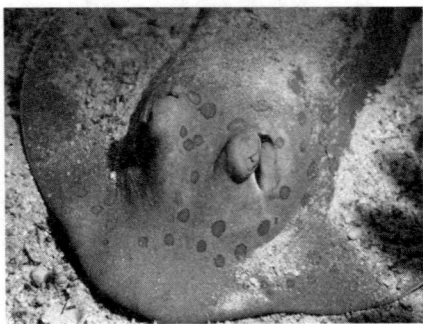

深海鱼类

海水的性质决定了海洋生物的丰盛与否和特点,而它在海洋中的每个角落是不一样的,其水平变化要比垂直变化速度快得多。这一特点决定了浮游生物和底栖生物的生活环境。海水在阳光的直射下,很快吸收了太阳辐射的光和热。由于海水中含有各种悬浮物质和浮游植物,阳光在开阔的海洋中辐射入海水的深度大于数百米,而在混浊的沿岸水域中,辐射深度只有数十米,在光层下面一直到数千米的海底则是漆黑的一片。海水温度也是随着深度的增加而变低的。

生物的形态、习性和颜色随深度而变化是很明显的,所以,每一水层中的生物有共同的特性。在表层的水层里,有食肉的蓝色甲壳纲动物、软体动物和管水母;往下是弱光层,颜色发红和发黑的动物取代了透明的无脊椎动物;再往下,是漆黑的深海区,它的光线来自底栖鱼类如鮟鱇、灯笼鱼的发光器官。从大陆架到大陆坡直到深海底,生物也是随深度变化而变化。在泥质海底上以掘穴动物为主,而在深海软泥海底则以鱼、甲壳纲动物和海参为主。对于那些从海水中吸吮悬浮物质为生的鱼类来说,其数量与深度成反比;而对于那些从海底沉积物中觅食为生的鱼来说,则能生活在很深的海底。

海底鱼类

**光照生物** 光照生物是指那些能够进行光合作用的海洋生物,其中主要包括浮游藻类和底栖藻类。浒苔是一种底栖藻类,藻体草绿色,是一种世界性的温带性海藻。浒苔生长在中潮代的滩涂或岩石上,生长盛期是1月至次年4月。

**深海生物** 深海里有没有生物?大约在100年前,英国科学家爱德华·福尔白斯作了一个肯定的结论:在海洋500米以下的水域中,没有生物。然而,19世纪50年代,他的结论被否定了。人们在铺设海底电缆时,发现在大约2,000米深的海底,生活着

深海鱼类

各种不同的生物。深海里有没有植物呢？我们知道，海水的压力是十分大的，一个成人在4,000米深的海底所受的压力，大约相当于20个火车头压在身上。有人研究过，深海区的温度终年不变，一般都在0℃左右，而且水中氧气很少，在一片黑暗的海底，太阳光的强度早已不能维持植物的光合作用。因此，在深海里，植物无法生存。

那么深居海底的海洋动物有多少？回答是不计其数。为了适应既无亮光、又缺少食物的海底环境，深海鱼类有的眼睛大而突出，有的眼睛已退化，一般嘴都很大，而且都长得奇形怪状。

**寒带生物**　企鹅是一种比较典型的寒带生物，也是地球上比较特别的鸟类。它们不能振翼高飞，却能在汪洋大海中遨游、浴水和觅食。在人们的心目中，企鹅似乎只是生活在那一望无际、满目炫白的南极冰原上，是南极特有的产物。事实上随着寒流向北分布，企鹅的踪迹在大洋洲（澳洲）可到达南纬38°，在非洲到达南纬17°，个别种类甚至一直延伸到南美洲赤道附近的加拉帕戈斯群岛。

**热带生物**　在热带水域生活着种类繁多的海洋生物，其中有世界著名的大堡礁生物群落。大堡礁是由珊瑚构成的生物群体，也是世界四大高生产力生态区域之一。在珊瑚礁生态区还生活着颜色漂亮的珊瑚鱼类，构成了多姿多彩的水下世界。

潮间带海洋生物属于海洋生物中的一类，是根据它们生存空间的特殊位置——潮间带而命名的。此类动、植物组合品种甚多，这里主要介绍贻贝、红海葵、沙蟹、普通鸟蛤和剑蛏等。它们虽然各不相同，但都有其相似的

寒带企鹅

珊瑚鱼

特点和生活习性。

红海葵

**贻贝** 大的群体密集生活在岩石表面,成层状或席状,足部附近的腺体分泌丝状黏液,黏液丝附着在岩石上并迅速硬化,便于固定在栖息地。

**红海葵** 生活在滨岸的许多海葵中的一种,有些在岩石上生活,其他适应在沙穴中生活,退潮时,触手缩回体内。

鸟蛤

**沙蠋** 最常见的一类蠕虫,生活于弯曲的管状潜穴内,以摄取沙中有机质微粒为食。

**普通鸟蛤** 适应在泥沙中生活,以肌肉状的足潜入沙中,将两个摄食吸管留在表面上,水由下面的吸管吸入,滤食后,由上面的吸管排出。

# 人类未来的食品库和药房

## 靠海吃海

俗话说:"靠山吃山,靠海吃海",这话很对。在海边生活的人们,很多都是依靠大海谋生,从大海中获取各种资源。海洋中的生物资源,就像是一座巨大的食品库,是人们最早开发的对象。考古学家在史前人类居住的山洞里发现的岩画中,就有海洋动物的图画,说明当时人类已经会驾着独木舟在近海用简单的鱼叉、鱼钩和渔

海洋中的生物资源,
就像是一座巨大的食品库

网捕鱼,在海边捕捉虾、蟹,捡拾贝、藻,以供食用。有的山洞里还有古人类遗留的许多海生的贝壳和鱼骨。几千年过去了,人类在陆地上早已从渔猎阶段进展到农牧阶段。可是在海洋里,一则因为海洋很辽阔,还有鱼虾可捕,二则在海洋里从事农牧很困难,所以渔业基本上还停留在渔猎阶段,变化不大,仍然是海洋生物自生自灭,渔民驾船出海捕捞。

虽然世界上的海洋生物资源还大有潜力可挖,但是近10年来,世界海洋渔获量一直徘徊在8,500多万吨,很多渔区产量还有下降的趋势,看来海洋捕捞已经达到极限了。高经济价值的金枪鱼类、鳕鱼类和比目鱼类越来越少,低值的小型中上层鱼如鲱鱼、沙丁鱼等产量却有增加。这说明全球范围内已经出现过度捕捞,出现了海洋水产资源来不及再生的现象。

在我国,这一现象更为严重。1992年以来,我国海洋渔获量一直居世界首位,当年海洋渔获量934万吨,

海上捕鱼

2005 年达到 2,838 万吨，增加了 2 倍。但是这个产量的增加，主要是靠个体渔民用小渔船在近海捕捞，用的渔网的网孔越来越小，把鱼子鱼孙都捕上来了，甚至还有人违法用炸药炸鱼、用电电鱼。渔民自己也知道这是砸了后代的饭碗，可是谁甘心鱼让别人打去呢？结果是令人痛心的：20 世纪 50～60 年代我国舟山是世界闻名的大渔场，盛产被称为四大水产的小黄鱼、大黄鱼、墨鱼（是软体动物乌贼，不是鱼）和带鱼，还出产鲥鱼、加吉（鲷）、石斑鱼和对虾等著名的海鲜，可是现在几乎都被捕捞光了，已经形不成鱼汛，连只有裤腰带宽的带鱼也上市了。20 世纪 70～80 年代四大水产大大减产时，繁殖了大量的马面鲀。连这种其貌不扬的鱼也为数不多了。狂捞滥捕的严重问题如果再不解决，要不了多久，我国附近的海域将会无鱼可捕。

在海洋捕捞渔业这个古老的海洋产业中，也有很多先进的技术，包括使衰老的渔场复苏的技术。

在探鱼的技术中，主要有卫星遥感技术和声学探鱼技术。美国、欧洲空间局和日本都已发射了探测海洋气象的卫星。我们已经知道，卫星上装有光学和电磁波仪器，它们能从天上遥测海面的温度和颜色，从这些资料中可以估算出海面浮游植物体内的叶绿素的数量，从而得知海面的初级生产力，用以判断经济鱼类集中的海域和数量。暖流和寒流交界的锋面往往是鱼儿集中的渔区。海洋生物死后残骸沉到海洋深处，使深层水含的营养盐较为丰富。上升流能把海底富营养的水输送到海面，使浮游植物得到繁殖，这些地方鱼类也比较喜欢光顾。从卫星遥感的数据也能找到这些海域。把卫星获得的数据加以分析，利用计算机专家系统，参考海洋生物学知识和渔业的经验，作出判断，可以制成海洋水产信息和各海域海况预报，经过通信网络指挥渔船生产。这种预报对远洋渔业特别有价值，远洋渔船根据预报进行作业，减少了盲目性，有利于获得丰收。

海洋生物死后残骸沉到海洋深处，使深层水含的营养盐较为丰富

卫星遥感技术可以从宏观上指导海洋捕捞渔业,而在渔船上就得用声学探鱼技术来探明附近是否有鱼群。声学鱼探仪的换能器装在船壳上,跟回声测深仪的原理一样,向水里发射声脉冲,声波碰到鱼体就产生回声信号反射回来。鱼体内都有调节浮力的充满空气的鳔,鱼体其他部分的声学性质与海水差不多,而鳔的性质与海水相差甚远,产生的声反射很强。声换能器接收到从各条鱼反射回来的信号,经过变换可以自动显示在记录器上。最早的鱼探仪是垂直的,只能垂直向下发射,探出船下方的鱼群。现在除了垂直鱼探仪以外,还有水平鱼探仪,能在船还没有开到之前,探到船前方的鱼群。鱼探仪的显示器还有彩色的和立体的,这样,渔民可以形象地看到周围的鱼情,甚至从鱼群的规律还能辨别出是什么鱼。

知道船的附近有鱼,还得想办法把鱼引诱到船边来,设个栅栏把鱼围住,不让鱼跑掉,才好捕捞。鱼类大都是喜欢某种声音,可以针对各种鱼的爱好设计不同的声响,引诱鱼儿过来。用柴可夫斯基谱写的某一乐曲可能引不来鱼儿,它们欣赏的曲子对人来说可能是噪声,甚至是人们根本听不到的声音。除了从船上施放声响以外,诱鱼装置也可以装在海底,或者做成自动浮沉式的。当然也可以发出鱼儿特别讨厌的声音驱赶鱼群。电波也可以刺激海洋生物,脉冲惊虾仪已经形

成产品。而要想把鱼群拦住,就得求助激光了。向水中发射水平方向的激光束,织成一个栅栏,可以把鱼群圈进指定的范围内捕捞。鱼对气味的分辨

海洋捕捞

力是惊人的,我们后面还要提到这一点,有人用有特别气味的化学药品引诱或驱赶鱼类,也很有效。

捕鱼的工具仍然是网或钓钩。对大型的、游泳速度很快的鱼,像金枪鱼、鲨鱼、旗鱼,往往用钓钩钓,有时用标枪刺。要钓几百公斤一条的大鱼可得认真对付,钓绳是用特种塑料做成的,十分结实,还不怕鱼咬,船上还得有起重设备。有的钓绳上有很多支绳,一根支绳上又有很多钩子,多的时候有几百个钩子。

大西洋底海洋生物

至于网的种类可就多了,对付中上层鱼、底层鱼、尺寸不同的鱼、游泳速度不同的鱼,以至软体动物、甲壳动物,用的网各不相同。通常用的有单船拖网、双船拖网、底拖网、围网、随海流漂流的流网和放置在海底的定置网等。网孔大小视捕捞对象大小而定。有的网上有用尼龙绳做的刺,鱼或软体动物挂上就逃不掉了。有的网上还装有网囊,专门装一定尺寸的鱼用。现代的网都是用尼龙绳编织而成的。

渔船上除了装有收、放、拖网具用的吊杆、绞车外,还有声学鱼探仪、定位装置、通信装置以及储藏渔获物的冷藏舱。远洋作业的渔船常常组成一个船队,在大型的渔船上有比较大的冷藏仓库,甚至还带着水产加工机械,在海上把各艘渔船上捕到的鱼集中起来,就地速冻保鲜,或者制成罐头、小包装食品。把低值鱼和加工鱼剩下的废弃部分磨碎、干燥,制成配饲料用的鱼粉,这样的大型渔船就是一座海上水产加工厂。南极洲附近的南大洋里盛产磷虾,个体不大,体长一般3～5厘米,但是蕴藏量却十分惊人,约4～6亿吨,也有一种说法认为有50亿吨。可是南极毕竟太远了,磷虾身上丰富的蛋白质很容易腐烂,虾壳又不好加工,所以开发磷虾资源,必须建造大型的能在冰海中作业的渔船,在船上立即脱壳加工。这样一来,成本就成为不得不考虑的问题了。

水产资源即使再丰富,也经不起人类用先进的技术捕捞。最近几年,许多国家的决策人已经提出"资源渔业"的想法,就是以资源定捕捞量,培育资源。通过卫星遥感和海洋调查船实地调查,摸清某一海域的海洋水文条件和初级生产力,经过研究分析,计算出可捕量,然后根据科学计算,制定捕捞计划。这样,一方面有目的地捕捞,可以获得尽可能多的水产;另一方面也能保证这一海域的海洋生物繁殖生息的生态环境不被破坏,做到可持续地开发。海洋水产资源的利用很不平衡,近海和传统渔场早已捕捞过度,而公海上还有一些未被开发的海域;澳大利亚、非洲和南美洲还有一些地方居民过去没有打鱼的习惯,这些地方的邻近海域的生物资源也很少利用。虽然公海平均资源量比较少,但是在一些锋面和有上升流的海域还有相当多的鱼可供捕捞。建造较大吨位的远洋渔船,组成船队去捕捞公海上一些过去不为人知的水产,是一种合理的开发方式。我国近年来派船到非洲、拉丁美洲和白令海捕捞带鱼、黄鱼、鱿鱼和鳕鱼，收获不小。

鲨鱼

"资源渔业"这个概念很好，可是实行起来却很不容易。从全球一盘棋或者全国一盘棋的观点来看，为了大家现在有鱼吃、将来有鱼吃，应该保护资源；而从局部的暂时的利益来看，今天我捕到的鱼就是我的，我不捕别人也会捕，谁管得了明天呢？国际上也不例外，例如加拿大规定了大西洋的大比目鱼的捕捞限额，西班牙不遵守，因而发生争端。为了实现可持续开发，国际上订立了许多普遍的或者双边的公约、协定，我国也规定了封港禁渔期，每年在鱼儿还没有长大的时期不许渔船出海。可是下一个问题就来了，不让我打鱼我吃什么呀？于是还得组织渔民开展多种经营，给他们一条致富之路。技术问题里不仅包含了科学，还包含了社会问题。

实行禁渔期制度以后，我国沿海的水产资源的确有了恢复的迹象，市场上的带鱼宽了，多年不见的黄鱼也出现了。不过要坚持做下去才能有效

旗鱼

果，而坚持综合管理又是很难的。

国际上因为争夺渔业资源而不执行公约、协定的事件也时有发生。对濒危的鲸早已明文保护，限制捕猎的种类和数量，可是还是有人见利忘义，超过允许的数量捕杀，使这种世界上最大的动物也面临灭绝的命运。

## 有心栽柳才能成荫

人们常说"无心插柳柳成荫"。实际上，要想柳树成荫，就得有心栽种才行。

一味地靠山吃山只能坐吃山空。一味地捕捞大自然赐予的海洋水产，最后的结果是没有鱼吃。真正的资源渔业不仅是有计划地捕捞，而且要用科学方法使海洋水产资源人工增殖。

有些水产有洄游的习性，在一个地方产卵、孵化以后，幼体成群地沿一定的路线游动，追逐它们的食物，快到性成熟的时候，又回到老家去繁殖。像我国的对虾，在渤海湾里繁殖，然后

幼虾沿着山东半岛南下,到黄海里成长,长大后再回渤海湾繁殖。了解了对虾的这个习性,可以用放流的办法增殖,也就是人工孵化大量的幼对虾,从渤海湾放下去,这批幼对虾也会沿着传统路线觅食长大,回来时的对虾就多了。放流的幼对虾不可能个个成活,可是如果保护得法,还是个很有效的办法。不过若是河北省把幼对虾放下去,山东、江苏的渔民堵截,不等对虾长大就捞,那就徒劳了。这就需要发挥海洋综合管理部门的作用,严格管理把关。

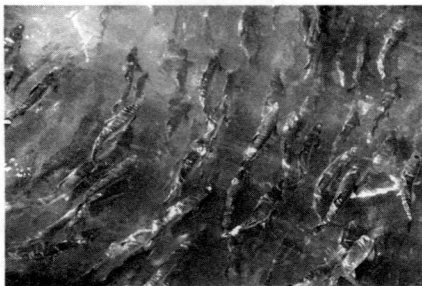

大马哈鱼洄游

鲑鱼在我国东北叫大马哈鱼,广东人按译音称为三文鱼,是一种经济价值很高的鱼。它生活在北太平洋和北大西洋中,游泳速度很快,捕食小的中上层鱼和软体动物,在大洋里很难捕到。鲑鱼在清澈湍急的小河小溪里繁殖,小鲑鱼沿着河溪奔向海洋,在大洋里长大,成熟产卵时靠灵敏的嗅觉找到返回故乡之路,沿河上溯回到出生地的小河小溪里繁殖,一路长途奔波,不怕艰难险阻,遍体鳞伤也在所不

惜。世界上大部分的鲑鱼都是在小河小溪里捕获的,例如我国东北的乌苏里江上游、黑龙江上游,加拿大和美国北部的河流上游。科学家在鲑鱼体上做了记号再放回海洋,从捕获的地点可以考察出它们的洄游路线,最终发现了它们是非常恋家的。乌苏里江的鲑鱼绝对不会跑到黑龙江里去。如果在故乡的河溪里建坝拦住,鲑鱼宁可死在坝下也不会到别处去产卵。既然鲑鱼有这种习性,放流就更合算了,不用担心放流的小鲑鱼长大后会跑到别处的河溪里去。从理论上讲,所有有规律的洄游鱼类和别的海洋动物都可以用放流的办法增殖。

大马哈鱼

对那些一生一世留在一个海区不远游的海洋鱼类,特别是底栖鱼类的增殖,可以将人工孵化出来的幼鱼放到它们愿意栖息的地方。这些鱼类不喜欢平坦的没有藏身之地的海底,而是喜欢洞穴很多、生满海洋植物——藻类的地方,这些地方食物充足,它们生长得快,繁殖的数量也多。天然的这种礁石不多,可以建造人工鱼礁。

废弃的水泥建筑物的残块、用过的轮胎和旧船，都可以用作人工鱼礁。最好专门制造一些表面不规则、有很多空腔的钢筋混凝土结构，作为人工鱼礁投到浅海海底上养鱼。在人工鱼礁上很快就会长出海藻，在粗糙的表面和空腔里会滋生腔肠动物、贝类和虾蟹，有了食物和隐蔽场所，鲷鱼、石斑鱼等喜欢藏匿的鱼类跟着就会在这里繁殖起来。这实际上是给鱼虾蟹贝盖房子、养食物。这种人工鱼礁一般都是高4～5米，长20～50米，重1～2吨。投放人工鱼礁的海底应位于没有淤泥和海流比较小的地方，否则会白费气力。

紫菜养殖

石斑鱼

如果给人工鱼礁装上照明设备和诱鱼的发声器，就能吸引更多的鱼儿前来居住。

## 蓝色农牧场

一说起农场、牧场，人们一定会想起陆地上那绿色的种满各种农作物——粮食、油料、棉花、糖料的农场和茵茵芳草上放牧着牛羊的牧场。原始人靠渔猎为生，在陆上用弓矛猎取野兽，在水中用网捕捞鱼虾。后来人们懂得了驯养牛羊猪鸡等动物，于是有了牧场。以后又学了种植粮食和经济作物，于是有了农场。海洋里的水产资源比较丰富，捕捞天然的动物、采集天然的海藻还能勉强满足人们的需要，对建立海上农牧场的需求还不那么迫切。加上海洋的环境远远比陆地上恶劣，在波浪汹涌的海上发展人工养殖困难很多，因而海洋渔业的主力还是捕捞。

我国著名的海洋生物学家曾呈奎提出海洋农牧场的概念，主张把蓝色的国土变成种植海洋植物的农场和养殖海洋动物的牧场。他在我国率先培育出海带和紫菜的种苗，研究出人工繁殖海带、紫菜等海藻的方法。海带、紫菜都是体形比较大的褐藻，是海生的蔬菜，含有丰富的碘和钙。在浅海海面用塑料浮球把供海带、紫菜附着的结构浮起来，使这些藻类能在透光层里生活，充分进行光合作用，还可以施化学肥料，过去荒芜的海面就变成种植海藻的农田了。裙带菜、巨藻等藻类也可以用类似的方法种植。

体形比较大的藻类可以种，微小的藻类也可以养。螺旋藻是一种很小的藻类，可是它有生产蛋白质的惊人本领，繁殖速度特别快。在广东、海南等亚热带、热带海边筑池引海水养螺旋藻，产量很高。有人甚至设想螺旋藻将来发展成为餐桌上的主要食品，这也许有些夸张。目前螺旋藻还只限于掺在面包、饼干里以增加蛋白质等营养成分，大部分产品作为饵料，饲养鱼虾等水产品。

有一种生长在海底的蓝藻，繁殖很快，长得特别茂盛，能在海底上形成致密的防水层。把蓝藻种在盐田的盐池里，还能防止盐池渗水。

在盐田里还可以养卤虫。卤虫又叫丰年虫，是一种很小的甲壳类动物，是虾的远房本家。这种动物含有丰富的胡萝卜素，既可以当海洋养殖动物育苗期间的饲料，又可以从中提取胡萝卜素，作为功能食品和药品。

大米草是一种营养丰富的饲料，可以种在海边的滩涂上。

海岸边的巨藻

巨藻的生长速度很快，在海中大量种植，收获回来可以作为燃料发电，是一种很有希望的可再生能源。

对虾除了用放流的办法增殖外，还可以在海边筑虾池引海水养殖。20世纪80年代我国沿海养对虾致富的人很多，对虾也曾大量出口。养对虾最关键的技术是育种、防病和育肥。可是后来养对虾的人多了，养虾池内虾的密度过高，投饵过多，使池内的水营养过剩，连沿海的海水也受到污染，有时滋生大量的藻类，把海水中的氧都消耗掉了，产生"赤潮"灾害。海水受到污染，虾就容易生病和死亡。对于对虾的疾病问题，最近几年科学家研究出了一些防治的办法，可是还没有完全解决。20世纪90年代以来，由于一些养虾池里的对虾大量死亡，我国的对虾养殖业受到很大打击。

人工养虾场

除了对虾以外，还可以养斑节虾、罗氏沼虾、南美白虾和龙虾等，这些虾的抗病能力比对虾强。

蟹的人工育苗解决之后,可以在海边的池里或人工礁里养殖。

贝类的活动范围不大,最适于养殖,也不需要很多饵料。我国的贝类养殖发展很快。现在养得最多的是扇贝,扇贝的闭壳肌很发达,味道鲜美。在人工养殖以前,用扇贝的闭壳肌晒成的干贝是很名贵的海鲜。我国在20世纪80年代从国外引进了几个新的扇贝品种,开发出养殖方法,十几年来,已经在沿海大量养殖。扇贝养在网箱里,网箱浮在海面。扇贝以海里的浮游生物为食,在网箱里逐渐长大,过一段时间把网箱收上来,把寄生在贝壳上的藻类和其他海生动物清除干净再放入海水中,很短时间后就可以收获。鲍鱼不是鱼,是贝类,也是一种名贵珍稀的海鲜。它的壳叫石决明,是一味中药,它生活在礁石上,现在也已找到育苗方法,放到海边的海水池子里养。海参、海胆也开始有人在海水池子里放养,收获也不少。贻贝可以用风箱养。牡蛎养殖的历史很久,可以在插在滩涂上的竹片或浮在海面的竹排上养。海滩上则宜养蚶、蛤和蛏等贝类。珍珠贝体内进入沙粒之类的异物时,它就会分泌出液体来把异物包裹起来,久而久之,形成光彩夺目的珍珠。广西合浦历史上就以产"南珠"而驰名于天下。在我国,养贝取珠现已发展成为一种产业。

养鱼比养贝难,鱼需要较大的活动空间,不能只吃海水里的浮游生物,需要不断投放饵料,鱼苗的问题也不好解决。许多种鱼都是生活在海里,长大后到河口半咸水里产卵,像鲻鱼(梭鱼)等;有些鱼在大洋里产卵,而幼鱼集中在河口,成鱼反而生活在淡水中,像鳗鱼就是这样的,因而养殖鳗鱼时需要在幼鱼集中的河口把鳗鱼苗捞上来。人工养殖鱼类,还要对它们进行驯化,使它们能适应在网箱或鱼池里的生活,并能长大。现在已经有鲻鱼、鲈鱼、石斑鱼、鲷鱼、银鱼、鳗鱼、比目鱼、鲑鱼和罗非鱼等能迁移到人们给它们安排的环境中成长。培养鱼直接吃浮游生物的习惯可以降低养殖成本,现在已经开发出很多种饲料生物,像前面所说的螺旋藻、卤虫等,对鱼来说都是美味的营养丰富的食品。用做鱼饲料的浮游生物也得大规模人工养殖才行,否则到大海里捞浮游生物不仅成本太高,而且难以满足需要。

海带养殖场

发展农牧场,海洋有陆地所不可比拟的优势,陆地只有表面一层可以利用,而海洋上可以分层利用海水,加上海底,就变成立体的海洋农牧场。

鱼虾贝藻混养比单纯养一种水产好得多,可以创造局部适宜的生态环境,对营养物的利用更加充分,因为有些品种的废物恰好是另一些品种的食物。山东、辽宁渔民同时养多种水产:上层透光,适于养海带、紫菜等藻类;中层用网箱养扇贝;下层养鱼;底层养海参、海胆、蟹等。适当地组合,既节约海面,减少投资,还能防止生物生病,创造更清洁的环境,各种产品产量都能增长,真是一举多得!

海参

海洋农牧场必须保持良好的环境,需要用科学仪器监测场内海水的温度、盐度、酸碱度、溶解氧和生物耗氧量等指标,加以人工控制,及时通风、换水,防止污染的海水漏进农牧场来。

对海洋农牧场内的水产物也和对人一样,研究出了很多种疫苗、抗生素以及激素药物来对付病毒和细菌。鱼类干扰素是治疗鱼类疾病的高疗效药物,用超声波可以增强鱼类的免疫功能。

我国水产养殖的产值已经居于世界首位,从 20 世纪 50 年代的以养殖低值的藻类为主,转变为今天的鱼虾贝藻全面发展和重点搞好海珍品的养殖。辽宁长海和山东长岛这两个海岛县靠水产养殖一跃成为全国首富县。山东省提出建设"海上山东"的口号,大力发展水产养殖。我国领海内有37 万平方千米的浅海海域,还有 2 万多平方千米潮间带滩涂和 1.3 万多平方千米潮上带滩涂,如果把其中适合养殖的海域都开发成丰美的蓝色农牧场,该能提供多少蛋白质啊!

海洋生物体内的蛋白质质量很高,容易被肠胃吸收,是人体发育所必需的,而且具有强健脑细胞的功能。海洋水产品的胆固醇含量低,富含碘和容易被吸收的钙以及多种维生素,特别是维生素 A 和 D 的含量较高。总之,海洋水产品不仅滋味鲜美,而且营养丰富,是人类理想的食物。

## 训练虾兵蟹将

传说中的龙宫里,龙王把它的虾兵蟹将都调教成武艺高强的英雄。在现实生活中,人们也把养殖的海洋生物培育得十分健壮,个头长得很大,不怕疾病和寄生虫的侵袭,耐热耐寒,营养更丰富。

生物工程的发展日新月异。"种瓜得瓜,种豆得豆",生物的后代像它们的祖先,这就是遗传的规律,因此要想养好海洋水产品,就得选出优良品种。自然界中的生物良莠不齐,可以从中挑选质量最好、生命力最强的种。用杂交的办法可以培养出既像父亲又像母亲的新品种。陆地上驴父马母生出来的既不是驴也不是马,而是不能生育的骡子。这样杂交产生的后代不能继续繁殖,不能算新品种。海洋里很多动物是体外受精的,更容易杂交出新种。这些新种不像骡子那样不能繁殖,而是仍然可以传宗接代。

海洋养殖(一)

决定生物遗传的物质是细胞里的基因,就是 DNA(脱氧核糖核酸)构成的双螺旋形的链。别看这种链很小,用肉眼看不见,可是它却带着一切遗传因素的密码,不但决定后代的体形、成分、习性,还决定后代对疾病的抵抗力,甚至会带来遗传病。基因像积木,是由一段段链连接成的,链有长有短。简单生物的链短,最短的只有 1 厘米长,复杂生物的链很长,像人的基因竟有 175 厘米长。基因链可以拆开,也可以重新接上,重新组合。从两种生物细胞内取出基因,拆成零件,再把不同生物细胞中的零件接上,就能构成遗传性不同的继承两种生物优良特性的新生物。这种技术叫做基因工程。基因工程已经用到制造海洋生物新物种的研究中。接基因的工作非常精密,要在显微镜下把细胞壁溶解开一个洞,细心地摘出基因中所需要的链上的环节,再把它重新组合、接上。接上后培养这种新构成的细胞,使它发育成新品种的生物。例如,把从繁殖能力和转化蛋白能力特别强的螺旋藻细胞中分离出来的藻胆蛋白基因转入海带和紫菜,培育出来的新海带和新紫菜就有螺旋藻的优越性能了。对鲍鱼实行 DNA 重组,可以使养殖产量提高 25%。从生长在寒冷海域的鱼的血清中分离出抗冻基因,转移到大西洋鲑鱼的细胞中,使这种鲑鱼更能抗冻。用微注射法把带有一种叫做 AFP 启动子的鲑鱼生长激素转入牙鲆的受精卵,培育出了转基因的牙鲆。

海洋养殖(二)

生物工程中还有细胞工程、发酵工程和酶工程。有性生殖的父母体的基因不一样，有时会把某些在父母体内是隐性的不健康的因素遗传下去。如果选出优良品种，不经过有性生殖，就可以避免这个问题了。用秋水仙素溶液浸泡生物，能使生物细胞内的染色体加倍，变成优良基因纯合的二倍体生物。同样，还可以处理成三倍体、多倍体生物。这些多倍体生物品种比靠有性生殖繁衍的种更有遗传的优势。这种做法就叫做细胞工程。大家都从新闻中知道，英国科学家利用细胞工程的技术培养出一头克隆羊，引起发达国家舆论大哗，人们担心世界上出现一个像希特勒一样主张种族主义的暴君利用这种技术克隆出一大批暴君。当然这种担心可能是多余的，遗传因子相同的人在不同的社会环境里成长，形成的道德品质是不会一样的，何况克隆技术并不可能复制出完全一样的人，克隆技术应用到人类还是很困难的。所谓克隆技术就是利用细胞无性生殖的技术，应用这种技术不但可以培养良种，还能研制药品，利

海洋养殖（三）

用生物体制造人造器官，比如让猪长出人能接受的肾，是造福于人类的新技术，完全不应该害怕，而应该往正确的方向发展它。在海洋养殖中，已经培育出裙带菜单克隆无性繁殖系，用于培育幼苗。在海洋动物方面，已经完成了皱纹盘鲍、牡蛎的多倍体诱导，形成了优良品种，并已经通过小规模生产养殖得到证实。用这种方法也成功地培育了三倍体的对虾新种，抗病的本领特别强。我国还在继续进行海洋动物多倍体的研究。

在海洋生物工程中，发酵工程和酶工程也是很重要的方面。用酶解紫菜单细胞的技术已应用于生产中的采苗。用基因重组技术把鱼的生长激素转到繁殖很快的大肠杆菌中并通过大肠杆菌表达出来，再用发酵工程使细菌大量增殖，可以生产出能促进鱼类生长的饲料添加剂。用虾类甲壳提取虾青素，把它加到饲料中，也可以使鲑鱼提高产量，并使鲑鱼的肉质得到改善。

用发酵工程还可以培养出各种有特殊本事的细菌。这些小精灵武艺高强，可以在不同的领域大显身手。有一种细菌特别喜欢吃石油，用石油里的碳氢化合物构成它的细胞质。当海面被溢出的原油污染时，把这种细菌洒在海面上，它就会把石油当做美餐，吃得一干二净。而这种细菌本身没有毒，可成为浮游动物的食物。最后海面油污消除干净了，浮游生物也喂肥

了。另一种细菌与石油碰到一起时，产生有机酸、气体和表面活性剂，使高含蜡、沥青的原油变软、变稀，容易开采，可使油井产量增加20%以上。我国海洋石油中这类高稠性原油占的百分比很大，如果推广使用这种细菌，效益将是巨大的。还有的细菌和海洋生物脾气更怪，它们竟能把海水里含量十分微小的金属元素或有毒物质富集在它体内。人们可以用生物工程培养这些细菌、生物，让它们从海水中为人类提取有用的金属元素，或者让它们当清洁工，把有毒的污染物从海水中除去。

品比冷冻的水产品更受顾客的青睐。在超级市场里，各种各样用海产品制成的食品和半成品，也十分新鲜诱人。在海里自然生长的或人工养殖的海洋生物，在将它们捕获以后，怎样保鲜和加工，同样是一个需要用技术去解决的重要问题。

过去出海的渔船上没有冷藏设备，甚至连冰也没有，捕到的鱼还没运回来就臭了，当时只能带些盐出海，打上鱼来用刀剖开，用盐腌成咸鱼。盐渗进鱼体，水渗透出来，鱼变得干燥一些，盐还能抑制细菌生长，这样起到保存鱼的作用。咸鱼比起鲜鱼味道就差

海洋冷藏船

## 生猛海鲜哪里来

在大街上，有的餐厅门口挂着"生猛海鲜"的招牌招徕顾客，走进餐厅可以看到用玻璃缸养着的各种活生生的海鱼、龙虾、海蟹和贝类。鲜活的水产

多了，如果打鱼的海域离岸近，可以赶快运回来，在岸边把鱼晒成鲞，也就是不咸的鱼干。沿海很多地方的餐馆里，都有用咸鱼或鲞做的菜，有些人还特别爱吃这种味道。

后来人们懂得在冬季收集自然冰，把它储藏在冰窖里，到夏天也不至于完全融化。渔船出海时带着冰，在

海 蟹

船上给鱼保鲜。后来进一步有了制冰机械，就不用依赖自然冰了。

现在渔船上有电，装备了冷藏舱，就更先进了。捕到的鱼虾可以在船上或岸上的工厂里加水速冻成大块，到吃时解冻。速冻的保鲜效果比较好，加水又可以使鱼不会脱水，这样解冻后的鱼肉还有弹性。有的美食家还认为鱼在活的时候鲜味没有发挥出来，死后几个小时或者速冻化冻以后，氨基酸等带有鲜味的物质才分解出来。有报道说水产品洒上低温的水速冻的效果最好。日本人吃的生鱼片不是用活鱼，而是用冻鱼切成的。

在有海水舱的渔船上，可以把捕上来的活的水产品放在海水舱里养着。还有专门用于往飞机上或轮船上运送活水产品的海水箱。温度低一些，生物的新陈代谢会慢一些，存活时间就长一些。把螃蟹用草绳捆住，洒上海水保持湿润，可以远距离运输。在没有海水的内陆城市，用按方配制的人造海水也能养活海鲜。北京不靠海，在海洋馆里用人造海水养活了各种各样的海洋生物，包括巨大的鲨鱼和海豚，使北京人不出京城就能感受到大海的气息。

海带营养丰富，可是有人不会烹调，或者吃不惯它的味道，于是在工厂里把它切成丝加作料烹调，或者压成美味的海带片。有一些红藻类的长在海底的藻含有很丰富的胶质，住在海边的人用它熬成凉粉。它的胶质提炼出来就是琼脂，做成粉条一样的粉，叫做洋粉，可以凉拌着吃，也可以用它做成各种果冻、冰淇淋、糕点，或者药品里的添加剂、赋形剂。从另一些藻类中能提炼出褐藻胶、甘露醇等，除了用在食品工业中以外，还能用在纺织工业中。用低值的小鱼的肉可以加工成各种既好吃又好看的模拟蟹肉、鱼丸、鱼排和鱼片等。将来谁也不愿意花宝贵的时间在厨房里拾掇那腥气的鱼虾，工厂会把各种鱼虾贝藻制成可口的美味供你享用，为你提供营养更平衡、更容易被吸收、胆固醇适中的食物。

## 使人更健康更聪明

海洋生物不仅能给人类提供富含高蛋白质的食物，还能给人类提供很多种功能食品和药物，使人类吃了以后更健康更聪明。有位科学家认为，海洋生物资源就像是一座巨大的药品

海马

库。人们现在对癌症、艾滋病等超级杀手还束手无策，解决这个难题的钥匙也许就是对海洋生物活性物质的开发。这样说不是没有根据的，现在不是已经从海洋生物中提取出医治心脑血管疾病的良药了吗？

我国传统医学已经知道很多种海洋生物可以入药。例如鲍鱼、牡蛎、砗磲、珍珠贝和海龟等的壳可以明目、镇惊；海马、海龙是增强神经功能的补药；海蛇是治疗风湿的良药；鹧鸪菜可以驱除消化道内的寄生虫；珍珠粉和

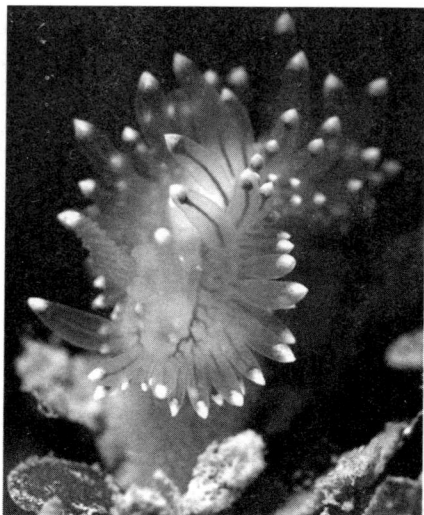

海蛞蝓

珍珠贝壳内层的粉既可以内服，有定惊安神、清热益明的功效，外用还可以治眼病，并可使皮肤细腻。

海鱼的肝脏含有丰富的维生素 A 和 D，身体衰弱、缺钙、患肺结核病的人吃了可以强壮身体。海鱼的内脏、骨头里的不饱和脂肪酸，是一种很好的保健功能食品，对心血管、脑神经有益，难怪广告里把它冠以"脑黄金"的美名了。藻类可以提取藻酸双酯钠（简称 PSS），是心脑血管病和高血粘度综合征的防治良药，该技术在国际上得过金奖。珍珠精母注射液是治疗病毒性肝炎的新药，用量小，疗程短。刺参多糖注射液是用一种海参的粘多糖制成的滋补剂，能增强机体免疫功

鲍鱼

能,抑制肿瘤生长和转移,对血栓性疾病和弥散性血管内凝血也有疗效。褐藻淀粉硫酸酯(简称为 LS)也能抗凝血、降血脂、抗血栓。甘露醇酸酯可以降血脂、降血压。"海力特"是一种新型的海洋免疫增强药物,对乙型肝炎、肿瘤有很好的疗效。从海洋生物中精炼出来的药物除了有对心血管病有特效的品种以外,还有治疗糖尿病的良药。

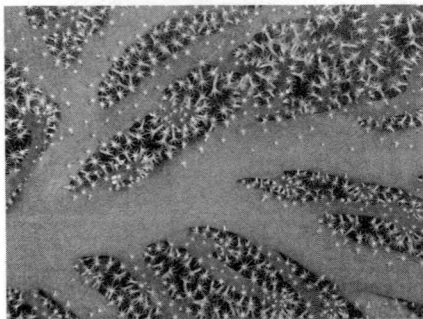

柳珊瑚

用海洋生物还可以制成很多其他药物。例如从海洋头孢菌素中可得到用途很广的广谱抗生素先锋霉素;从海绵的阿糖酸苷可得到抗白血病的药物;用河豚毒素能提取出缓解后期癌症的药。褐藻酸钠对放射性锶有特殊的抑制功能,是抗放射性病的药物;柳珊瑚中有前列腺素,能有效地使人类避孕、助产、降血压,还能使牲畜怀驹增产。沙蚕的毒素是理想的无残毒农药,而沙蚕是海滩上的主要"居民",海边的人用沙蚕当鱼饵钓鱼,它们的数量很多,我国沿海都有分布。从海藻

中也能分离出杀虫、抑制真菌的活性物质。从海洋天然有机物中还能提取细胞分裂素,这在细胞工程中是非常重要的材料。

海 绵

美国科学家近年来在佛罗里达附近热带海域找到一些珊瑚、海绵、海鞘和海藻,它们体内含有能抑制癌细胞生长、杀死癌细胞和细菌、病毒的活性物质,用于治疗癌症等疾病,效果非常好。可是这些种海洋生物本身是不常见的,而1吨这些种海洋生物才能提炼出1克药物。单是找到这些种的海洋生物和知道它们有抗癌的宝贵性质是远远不够的,还得想办法用细胞工程的技术培育良种,大量繁殖它们,开一座海洋制药厂才行。有人看到鲨鱼没有得癌症的,猜想在它体内一定有抗癌物质,就研究这个问题,千方百计地向鲨鱼索取能防治人类顽症的物质,但愿他们能够成功。

牡蛎、蚶、蛤的壳中含有大量石灰质,在窑里焙烧后,可以制成活性钙,这种药物比较容易被人体吸收,缺钙的人吃了可以补钙。甲壳类动物虾、

蟹的壳内的甲壳素是一种几丁质,成分跟人的皮肤很接近,可以用来制造人造皮肤,在外科手术和医治烧伤中很有用,将它们覆盖在伤口外面,能使伤口很快愈合。

除了药物以外,还有很多重要试剂也是从海洋生物体内取得的。河豚和海豚虽然只是一字之别,可完全不是一类动物,河豚是人们对生活在海水里的豚科鱼类的俗称。这种鱼在受到攻击时,能吸收空气,使身体膨胀成一个球,把敌害吓跑。河豚肉很鲜美,是江南的名菜,可是它的血液和内脏有剧毒,一不小心吃了就要送命,江阴人有"拼死吃河豚"的说法。河豚的毒素有很大用处,可以在神经生物学、生理和药理学中作为试剂。鲎是一种样子奇特的甲壳动物,像安了一条尖尾巴的钢盔,它的血是蓝色的,可以制成临床检验用的试剂。

# 打开生命源泉之门

## 海水利用业

海水利用业是指利用海水进行淡水生产和将海水应用于工业冷却、城市生活和消防。

我国水资源严重短缺，
人均占有量约为世界人均的 1/4

我国水资源严重短缺，人均占有量约为世界人均的 1/4，是世界上 21 个严重缺水国家之一。特别是我国的东部沿海地区，既是我国的经济发达地区，又是非常缺水的地区。从北方的大连、天津、青岛一直到南方的上海、宁波、厦门，人均年淡水拥有量不

到 200 立方米，距离联合国所颁布的每个人每年 3,000 立方米的水标准相差甚远。水资源供需矛盾的突出一定程度上影响了东部地区的经济和社会发展。

随着海水利用技术的不断发展，对取之不尽、用之不竭的海水进行淡化和海水直接利用必将成为解决沿海地区水资源供需矛盾的根本途径。在海水淡化方面，随着各种海水淡化技术的发展，我国海水淡化初步具备了产业化的发展条件。截至 2006 年年底，中国日淡化海水能力接近 15 万吨，比 2005 年翻了一番。在海水直接利用方面，工业上可利用海水除尘、作溶剂、作还原剂、洗涤净化、试漏、冷却等，生活上使用海水冲厕、洗涤、冲洗地面和作为消防用水等。

海水利用业将成为我国 21 世纪的朝阳产业。

## 海水淡化

虽然地球表面 2/3 的面积被水覆

盖,但水储量的 97% 为海水和苦咸水,淡水成为日益稀缺的资源。幸运的是,海水淡化技术使海水变得不苦也不咸,海水能喝了。海水淡化又称海水脱盐,是分离海水中盐和水的过程。主要途径有两条:一条是从海水中取出水的方法;另一条是从海水中取出盐的方法。前者有反渗透法、蒸馏法、冰冻法、水合物法和溶剂萃取法等,后者有离子交换法、电渗析法、电容吸附法和渗压法等。工业规模的海水淡化多用蒸馏法,反渗透法和电渗析法。

海水淡化场鸟瞰

到目前为止,全世界约有 120 多个国家和地区采用海水或苦咸水淡化技术取得淡水,共有海水淡化工厂 13,000 多座,海水淡化日产量约 4,600 万立方米,其中最大规模的海水淡化厂日产淡化水 80 万立方米。淡化水中,约有 80% 作为饮用水,解决了 1 亿多人的饮水问题。

我国淡水资源稀缺,是继美、法、日、以色列等国之后研究和开发海水淡化先进技术的国家之一,已经在反渗透法、蒸馏法等主流海水淡化关键

技术方面取得重大突破。根据全国海水利用专项规划,到 2010 年,我国海水淡化规模将达到日产 80 万～100 万立方米,2020 年日产 250 万～300 万立方米。

## 海水的家庭利用

香港特别行政区在 20 世纪 50 年代末开始采用海水作为居民冲厕用水,运行至今,未出现过技术问题。目前,香港平均每天使用的海水量多达 58.1 万吨,节省淡水效果十分明显。香港的海水冲厕,与淡水供应系统一样,有一套完全独立的海水供应系统,为市区和新区提供冲厕用水。当海水水质达到第三类海水水质标准,只需进行隔栅分离和加氯处理,就可达到冲厕用水标准,成本非常低廉。

实施海水冲厕并规划推行,对于许多严重缺水的沿海城市来说,意义非同一般。实施海水冲厕,既可缓解城市淡水资源紧缺的压力,又将大大推动相关产业的发展,具有重要的社

海水淡化器

会效益和经济效益。海水冲厕示范工程使用的工艺不是很复杂,简单地说,就是在海边挖一个取水井,通过水泵的加压和一些必要的消毒处理,直接送到居民家中。海水利用的运行成本其实很低,海水冲厕已经开展了60年的香港,其海水利用的成本只有淡水的1/3,省下了7亿元的费用。

## 海水农业

科学家预测,21世纪将迎来第三次农业革命,即"海水农业"。海水农业又被称作"海洋农业"、"蓝色农业"等,它就是直接用海水灌溉农作物,开发沿岸的盐碱地、沙漠地和荒漠。建立海水农业的核心问题是海水的直接利用。

海水农业示意图

海水农业就是要使陆生植物"下海",也就是要陆生植物重返海洋。海水农业的发展,目前已进入两个不同的方向。

一是通过遗传改良,将耐海水和耐盐碱的野生植物改造成栽培品种。在众多的遗传种质资源中,存在着

2,000～3,000种盐生植物,在这些植物中,毫无疑问存在着一种能够适应和利用海水的生理机能和遗传信息,对它们进行筛选,用遗传改良方法培育出人类需要的品种。

二是用基因工程和细胞工程技术,将不耐海水的植物培育成耐海水植物。大规模品种筛选已获得可用海水灌溉的大麦、小麦等作物,此外,杂交育种已获得耐三分之二海水的西红柿。科学家们正在试验,将陆地植物的基因转移到藻类植物中,把陆地动物的基因转移到海洋动物中使陆地生物适应盐水环境,帮助在进化过程中从海洋"爬"上陆地的生命重新回归"大海"这个生命的摇篮。随着科技的进步,用海水种庄稼将不是天方夜谭,也不是梦。

## 海洋冰山和海底淡水

随着人口的增加和经济发展,陆地淡水资源越来越不够用。冰山是巨大的淡水资源,海洋中有93％的冰山是从南极冰盖上分裂出来的。每年漂浮在海上的冰山,其储水量相当于世界上全部江河的流量,为20世纪以来全部海水淡化装置所生产的淡水的4～5倍。仅一年之内形成的冰山淡水的价值,就可达数亿美元。但目前如何把巨大的冰山从海中拖到干旱地区的海岸,仍然是个问题。

海水淡化器

海床中也蕴藏着可观的淡水资源。例如,在福建南部古雷半岛东面有个名叫菜峪的小岛,距这小岛500米的海面上有个奇异的淡水区,叫"玉带泉";在美国佛罗里达州和古巴之间的海面上也有一个直径为30米的圆形淡水区,水色、温度与周围皆异,人称"淡水井"。国外在开采海底淡水方面已经取得一些经验并获得成功。例如,美国夏威夷利用遥感技术,在海底发现多处淡水露头,解决了夏威夷火奴鲁鲁市的淡水不足问题;希腊在爱琴海海域,打出日涌水量达100多万立方米的淡水井,灌溉了海岸上300平方千米的旱地。

所谓"海底淡水",指的是自然界赋存于海底之下、具有较大空隙度的地层或构造中的淡水资源,及其沿着这些含水地层或构造在海底的出口喷涌而成的海底淡水泉或渗泄而成的弥散型海底淡水泉。海底淡水资源的生成、聚集和保存需要一定的地质条件。原生的地表淡水需运移、过滤、储存到海底之下有一定保护作用的盖层地区才能保存。而新生代近岸区海平面相对于陆棚边缘的频繁升降变化,正好为河口海底淡水的形成创造了良好的"生、运、滤、储、盖"的组合条件。

干涸的土地

## 解决人类缺水的危机

人们每天打开水龙头,自来水就哗哗地流出来,水价也很便宜,这往往使人们产生一个错觉,以为水是很多的,是永远不会匮乏的。世界上的树木可能被砍光,煤和石油等化石燃料可能被烧完,金属矿产也总有一天会被开采一空,这些危机很容易被人们所认识。可是若说淡水也出现危机,不少人会说你这是耸人听闻。其实别的危机还不那么迫切,淡水短缺却是近在眼前的事。有不少地方,解决缺水问题已经摆上领导者的议事日程,

不少人已为淡水不足所苦了。

海底淡水资源的生成、聚集和
保存需要一定的地质条件

前苏联地理学家里沃维奇经过20年的研究，计算出全球年平均降雨量为 $5.04 \times 10^{26}$ 立方毫米，其中396,000立方千米降到海洋里，混到海水中去了，其余的部分又有61%被太阳蒸发，回到大气中，成为水蒸气，只有40,000立方千米的淡水或者处在地表的河流湖泊里，或者流入地下成为补充的地下水。这些水中还有相当一部分直接流入大海，没有利用。剩下的能储存在湖泊、水库和河流里的只有12,000立方千米。其中又有1/3在人口稀少的地区白白放着，真正有用的仅有8,000立方千米。淡水资源不多，分布又不均匀。目前世界上100多个国家和地区缺水，其中28个被列为严重缺水的国家和地区。预计再过20～30年，严重缺水的国家和地区将达46～50个，缺水人口将达28～33亿人。

在国民经济和人民生活中，淡水的位置很重要。农业灌溉是用水的第

一大户，每生产1块面包所需要的小麦要消耗70升水。每生产1公斤钢需要700升水，制造1辆汽车需要40万升水，生产1吨纸需要70万升水。一个人要维持正常生活，每年需要1,500吨水。如果不未雨绸缪，采取节水措施，将来耗水量还要增加。

世界上的沙漠、草原国家十分干旱，像西亚、北非的一些国家一直缺乏淡水。流经几个国家的国际河流的淡水资源历来是国际争端的导火线，像印度和孟加拉为恒河、布拉马普特拉河的水的分配就常有争议。以色列占领戈兰高地的目的之一就是控制约旦河的源头。

海洋中最宝贵的资源也许就是海水本身

我国也有广阔的土地饱尝缺水之苦。全国淡水分布很不均匀，南方多，北方少。华北、西北大片土地常常干旱缺水，黄土高原上的居民和牲畜连饮水都有困难。据统计，我国北方缺水区总面积达58万平方千米。全国500多座城市中，有300座城市缺水，每年缺水量达58亿立方米。

水的问题已到了非解决不可的时候了

水的问题已到了非解决不可的时候了。我国一方面缺少淡水资源，另一方面浪费水的现象很严重。以色列的农田用滴灌和喷灌，而我国大部分农田还是用大水漫灌，大部分水都白白浪费了，渗到地下还使土地退化。同样生产 1 吨钢，发达国家用的水只有我们的 1/5。连城市抽水马桶每次冲水的耗水也比国外的 7 升要高 2升，只这一件"小事"，每年就多用3,000 多亿升宝贵的淡水，足以蓄满30 个 1,000 万立方米的水库。这说明节约用水，是解决淡水危机的一条途径。

解决淡水危机的另一条途径是开源。我们知道海水占全地球总水量的97.5%，如果能充分利用海水代替淡水，或者从海水中提取淡水，那就可以解决水荒问题了。所以我们说，人类最缺的是水，海洋中最宝贵的资源也许就是海水本身。

# 从苦咸的海水中提取甘露

海水中含有氯化钠等无机盐，这些盐类使海水变得又咸又苦，渴时喝下去不但不能解渴，反而会更口干舌燥。盐类会和金属起化学反应，使金属受到腐蚀。钢铁尤其怕海水，完好的钢材放在海水中，不用很长时间就会被腐蚀得面目全非。铝在大气中表面会生成坚硬的氧化层，能保护内部，而在海水中，铝的氧化层也丧失了保护力。真正能够耐受海水浸泡的只有铁，不锈钢和铜合金也有一定的抗海水腐蚀的能力。海水受热以后，一部分盐会结晶出来，附着在容器表面。海水中的附着生物，像藻类、软体动物、甲壳动物和腔肠动物等也会长在通海水的管道和设备的壁上。这些附着物使这些设备传热能力大大降低，甚至被堵塞。

从苦咸的海水中提取淡水的技术叫做海水淡化，也称海水脱盐。

海水淡化设备

古希腊罗马时代有人做过海水淡化的尝试。亚里士多德用封闭的容器把海水烧开，发现水蒸气里没有盐分，把它冷凝就得到蒸馏水，是纯净的淡水。19世纪英国曾批准用蒸馏法制淡水的专利，在阿拉伯的亚丁湾海滨陆地上建造海水蒸馏器制造淡水，供给过往的船员。到2006年，世界上已有120多个国家和地区在应用海水淡化技术，全球海水淡化日产量约3,775万吨。

目前世界海水淡化装置主要分布在沿海的干旱地区、淡水供应困难的岛屿和沿海缺水的大工业城市。最集中的地区是以色列和沙特阿拉伯、科威特和阿拉伯联合酋长国等，这些国家没有河流，地下水也奇缺。过去靠船从国外运来淡水。幸好这些国家有丰富的石油，有条件用石油当燃料蒸馏海水，解决淡水供应问题。

主要的海水淡化技术有蒸馏法、反渗透法和电渗析法。

蒸馏法实际上还是用亚里士多德阐述的原理，把海水加热使它汽化，再使蒸汽冷凝，得到淡水，剩下的浓盐水另做它用。蒸馏法使水汽化与盐分离，不管从多么浓的海水中都能蒸馏出很纯的淡水，一次成功，所以适合于直接淡化海水。现在已经能用这种技术建造大规模的海水淡化厂，是最重要的一种海水淡化方法。

蒸馏法也有多种做法，用得最多的是多级闪蒸法。先把海水在管子里加热，然后把海水引进压力比大气压力低的设备中。压力降低，水的沸点也降低，不需要到100℃就汽化了。海水在这个低压容器里急速汽化，蒸汽迅速离开热海水，固态的盐类留在剩下的液体中，不会留在换热面上。产生的蒸汽在换热管外冷凝成淡水，海水在管内吸收冷凝时放出的热而被预先加热。海水这样依次通过多个闪蒸室，每个室内的冷凝管上都生成淡水。重复进行多次闪蒸过程，能够最有效地利用热量，降低成本，使这种办法成为现实可行的技术。

闪蒸室可以用便宜的低碳钢做成，外面包上不锈钢之类的合金保护，防止腐蚀。冷凝器是最关键的部件，而且温度最高，最容易被腐蚀，得用钛或铜镍合金等防腐材料做。海水中还得加进阻止结垢的化学物质，使剩下的盐不会附着在设备壁上。把各级闪蒸室垂直地叠在一起，效果更好。

海水淡化设备

多效蒸发法是另一种蒸馏法,它使导热面的两面一边是蒸汽一边是水,蒸汽在上面冷却,水在下面加热,一举两得。不过用这种办法时,结垢问题比多级闪蒸法严重,得想办法解决。

低温多效蒸发法能利用 37～65℃的温度淡化,需要的热量少,能用电厂废热供给。有可能用太阳能作为能源,或者直接加热海水,或者把热量储存在太阳能池里再用,这样可以不必燃烧化石燃料。直接利用时把水池壁涂黑,使它能最大限度地吸收太阳能,使水汽化,然后在池上方的玻璃壁上冷凝,加上多效的原理,提高热量的利用率。储存的办法则使太阳能把集热管里的水加热,把热水储存在太阳能池里,热水是很好的热源。太阳能淡化器的投资比较高,因而限制了它的使用。

反渗透法海水淡化,是用压力驱使海水通过反渗透膜,膜的微孔很小,水的分子比较小,可以顺利地通过,而把分子较大的盐留在膜后面。这种淡化技术近来发展得很快,在它的基础上又发展了超滤技术。反渗透法的关键是在膜上。膜既要能透水留盐,又要能经得起高压的水流过而不致损坏。这种膜是用高分子材料做成的。醋酸纤维素膜的材料来源丰富,价格便宜,可是不耐用,脱盐的效果也不理想,不宜于直接淡化海水;聚酰胺膜的机械强度比较高,脱盐的效果比较好;聚砜高分子膜是一种复合反渗透膜,本身包含有效层和支持层,性能更好。这些高分子材料可以纺成纤维,织成膜。叠成平板形的膜不能耐压;卷成管状、螺旋管状最结实,能承受压力;做成中空纤维的效果最好。在海水通过膜之前,要先进行前处理,灭菌、除污和加化学药剂调节酸碱度,否则海水很快就会把反渗透膜堵塞,使它不能工作。反渗透法脱盐的效果与海水的盐度有关,有时一级反渗透脱盐还

反渗透装置

不足以制出合格的淡水,需要二级脱盐。反渗透法不需要热源,只需要电力驱动高速旋转高压泵把海水加压。目前新材料层出不穷,有了更理想的膜材料,这种淡化方法的效率会更高,成本也能降下来。

电渗析法也是用膜把水和盐分开的技术,但是这种膜要在电场的作用下才有淡化的本领。在电渗析槽内插上阴阳离子交换膜和隔板,充进海水,加上直流电场,海水里的电解质就被电解,里面的阴阳离子分别通过交换膜跑掉,留下的水中就不含盐了。用隔板隔开,可以在一个电渗析槽内装多组膜。膜的材料也是高分子聚合材料——聚苯乙烯磺酸和聚苯乙烯季胺。电渗析法的耗电量与海水的浓度成正比,所以这种办法最好用在浓度较低的地下苦咸水淡化中,如果用来淡化海水,一级淡化效果不好,需要多级淡化,成本就高了。我国1981年在西沙群岛永兴岛上建了一座日产200吨淡水的电渗析淡化站,一直工作到现在。

水有很特殊的性质,汽化时不会把溶质带出来,结冰时也不会把溶质带出来。利用这个性质,与蒸馏法相反,不把海水汽化,而用冷冻海水的方法也可以达到淡化的效果。冰融为水所需要的热量只有水蒸发为汽所需要的热量的13%,可以节约大量能源。另外,低温下盐对容器的腐蚀不像在高温下那么严重,所以冰冻法可能将

来还会有发展。如果仿照多效蒸馏的办法,把冰冻和蒸发相结合,可以更有效地利用热量。

现在海水淡化的真正问题还是成本过高。最初的海水淡化是烧1吨油换1吨水,那就不如用船运淡水了,除非迫不得已,谁也用不起淡化水。自从有了上述的新技术以后,情况要好得多。截至2006年年底,我国日淡化海水能力接近15万吨,海水淡化成本逐步下降,已接近5元/立方米。要使淡化更加实用,还得继续努力开发新技术,研制出效率更高、更耐久的膜,在工艺上巧用多级、多效等方法,更有效地利用能量,以及利用太阳能、风能、地热能和海洋能等可再生能源作为动力。

冰山

大陆架上有很多古河道,在海面上升时被海水淹没,这些古河道下的沙层中藏有大量的淡水。有些地方虽然没有古河道,可是海底地层里有地下水,这也是重要的淡水水源。用卫星遥感的方法可以找到海底淡水储藏

在什么地方,再用浅地层剖面仪探查海底地层,详细调查沉积物里淡水的分布。在淡水露头的地方可以直接用潜水泵抽取,在没有露头的地层上可以探明含水构造,然后打井抽淡水。这种水源利用起来可能比海水淡化还经济。美国开发海底淡水解决了夏威夷的城市用水,希腊在爱琴海成功地开发了一处日产淡水100多万立方米的海底涌泉,灌溉了沿海3万公顷旱地。我国长江口古河道中有很丰富的海底淡水,现在已经对资源作了周密的调查,还在长江口外的嵊泗列岛开始开发。将来全面开发这个淡水资源将能解决舟山群岛的淡水供应问题。

地球上绝大部分淡水都冻结在南极洲和格陵兰等北极岛屿的冰盖里,冰盖边缘不断断裂成冰山后漂流出来。全球冰盖的淡水量等于地表水和地下水总量的3.35倍。能不能把冰山用拖船拖运到缺水的沿海港口,融化成淡水使用呢?有人曾做过这种试验,把南极洲附近的冰山拖到南美洲。人们发现利用冰山淡水有很多困难:形状不规则的冰山在拖运时阻力很大,费力拖到目的地后,很难把它融化,也不容易把融化后的水收集起来,融化时吸收大量的热,会使气候变化,破坏当地的生态环境。

虽然已经有这么多的办法和设想向海洋要淡水,可是仍然没有找到一个十全十美,既有效又经济可行的办法。这个问题只有留待今后去解决了。

## 海水也是工农业的血液

海水冷却塔

分析一下世界上淡水的耗用情况,人们发现在工业中,冷却水是最大的用户,而在冷却水中,发电厂的冷却水用量又是最大的。一座180万千瓦的大型火力发电厂需要的冷却水达66立方米每秒,相当于黄河平均流量的1/25。核电厂需要的冷却水比火电厂还多,在内陆上哪儿去找这么大的水源!出路只有一条,就是直接用海水当冷却水。难怪近些年来新建的大型火力发电厂和核电厂都在海边。一般将厂址设在取海水方便的地方,取水口选在波浪打不到的隐蔽处,或者修筑防波堤保护取水口,用很大的泵从海面下把海水抽上来,用管子通到电机的换热装置中。海水把电机发出的热量吸收,使电机冷却,海水的温度升高。用过的海水在排到海里之前最好先利用它的余热,例如用来淡化海水,化害为利,排出的海水比周围的海水温度就不会高得太多了。冷却电机后排出的海水里可能带有冷却系统中的有毒物质,排海前得处理一下,把毒物去掉。这种直排式的冷却法用水较多,如果循环使用冷却海水,把用过的海水经过处理再用,用水就少多了。

除了发电厂以外,纯碱生产、石油精炼、炼钢和动力设备的冷却也可以用海水。上面说的冷却过程都是间接冷却,海水从冷却换热器里通过,不接触物料。有些生产过程可以用海水直接喷淋,达到降温的效果。

水直接作为冷却水,用于发电和制碱。青岛电厂每天耗海水 70 万立方米。秦山、大亚湾核电厂和即将兴建的山东、江苏和广东的核电厂都位于海边。新建的大火电厂,如在秦皇岛、黄骅、漳州、江苏北部和深圳等地新建的大火电厂,无不把厂址选在有取海水条件的沿海地区,用海水作为冷却水。

使用海水会出现管道腐蚀、生物附着和结垢等问题,因此这些问题在设计海水冷却系统时必须考虑到。取水口最好建在较深的海域,如果没有条件,在浅海中取水时,应该建造海水池,把

大亚湾核电厂

日本是个岛国,大部分工业都建在海边,工业用海水的数量已经占了总用水量的 60%,1995 年仅发电产业就使用海水1,200亿立方米。如果不使用海水,日本哪里找得到那么多的淡水!美国在 20 世纪 70 年代末每年就利用了海水 720 亿立方米。我国沿海工业城市如大连、青岛等早就用海

海水先抽上来存在池里,否则落潮时就无水可抽了。有些地方可以打井取海水。

建造冷却塔既可以有效地使用海水,又可以在塔内加进杀生剂,像氯气,把海水中的生物杀死,避免它们附着,堵塞管道,使冷却的效率降低。冷却塔的温度不能过高,否则生物附着

淡化海水的装置

和腐蚀都比较严重。对于换热器,得用电化学方法防止海水腐蚀。在管道内壁涂上各种树脂涂料、喷铝、贴橡胶或聚乙烯等塑料衬里,或者用纤维强化树脂、钢化塑料、球墨铸铁、混凝土等耐腐蚀的材料制造。在管道内涂的涂料中掺入含毒物(铜或锡的化合物)的防污漆,也可以防止生物附着。管道里还可以装上能自动在里面刷洗的装置,清除结的垢和附着的生物。

海水用于纺织印染厂是我国的创举。海水中的许多天然物质对染整工艺不但没有坏处,反而有很大的好处。比如氯化钠对海水中的染料有排斥作用,能促使染料尽快地染到织物上。用海水染的料子带有负离子,排斥大气中的灰尘,所以这种料子有防尘作用。海水中的另一些盐类还能提高染色质量。这一来,每年全国又可以省掉几亿吨的淡水消耗。

种庄稼用的水比人们的生活用水多得多,科学家当然不会放过用海水灌溉农作物的问题。有些植物喜欢含盐水,或者不怕含盐水。例如海蓬子就是生长在盐碱地里的能用海水灌溉的作物,它的果实含油量很高,榨出来的油可以食用,而且味道不错,榨油剩下的饼还可以用作饲料和肥料。在沙特阿拉伯,已经成功地种植了这种作物,还试种了喜盐的牧草,长得很茂盛,家畜也喜欢吃。

世界上许多地方都在试验用海水灌溉农作物,有不少人获得成功。用海水灌溉小麦、大麦、蔬菜、牧草、果树和烟草等农作物,效果都不错,照样有收成,也没有因此长出咸麦子或者结出咸西瓜,土地也没有恶化。当然这还是短期、局部的尝试,还需要长期地观察。如果庄稼能改变习性,那么沿海有条件的地区都可以把海水抽上来浇地,淡水危机就能缓解了。

## 两千年的古老产业

盐是人们生活中不能缺少的调味品

早在石器时代,人类就知道吃盐和从海水中熬盐。在两千年前的春秋时期,齐国和燕国就因兴渔盐之利而富强起来。所以说从海水中制盐是两千年的古老产业。历代封建王朝一直把盐作为专卖的商品，把制盐业视为国家的命脉。

盐是人们生活中不能缺少的调味品。"盐和百味"，缺了盐，什么菜也不香。盐的成分氯化钠是人体血液的重要成分，维持血液的渗透压，使血液能够循环，进行新陈代谢。血液中盐的含量低了，人就不能生存。一个健康的人每天需要摄入 5～20 克盐。用盐腌菜、鱼肉、鸭蛋可以防腐保藏，而且味道很好。盐还是十分重要的基本工业原料，用盐可以制造烧碱（氢氧化钠）、纯碱碳酸钠、氯气和盐酸等基本工业原料和各种化肥，有人称盐为"化学工业之母"。我国海盐产量居世界首位，约占世界海盐产量的 30%。

盐 场

我国海盐生产的方法几千年基本没变，还是日晒法。这种方法工艺简单，利用太阳能使水蒸发，不需要动力，投资少，耗费也少。在海滩上辟出盐田，趁涨潮从海里引入海水，或者把

海水用泵打进盐田，天晴时阳光把海水中的水晒干，结晶出来的就是盐了。剩下的不容易析出的其他化学成分留在苦卤里。盐田里有浓度不同的池子，淡的是晒盐的池子，浓的是结晶的池子。下雨时降下来的淡水会冲淡盐

晒 盐

卤，用塑料薄膜苫盖结晶池，浓盐卤就不会被冲淡了。盐结晶出来以后，用拖拉机牵引的刮板皮带收盐机把它集中到一起，用堆坨机把盐堆成坨，最后用装载机装上汽车或输送机运走。盐池底会渗水，铺上密实的土壤后压实可以防渗，也可以在盐池底上铺塑料布。有一种蓝藻，能生成生物垫层，利用这种生物垫层防渗，是一种较先进的办法。修筑盐田用通常的工程机械就行了。用"深储浅晒"的办法可以比较快地把浅池里的卤水晒浓，这种直

观而又简单的办法可以提高制卤水的速度。盐并不都是用来制食盐的,如果把浓的卤水拿去直接制造化工产品,就可以节约很多时间和劳动。准确的气象预报能够指导盐业生产,报准下雨时间对盐业工人可是太重要了。晒盐需要占用很大面积的海岸带,在土地资源缺乏的地方和降雨多、日照短的地方都不适用,因而我国主要的盐田集中在河北、山东、辽宁、江苏和天津等省市。国外有些地方没有那么多的海岸带用来晒盐,于是用电渗析的方法制盐。海水制盐与海水淡化正好相反,前者需要的产品是盐,后者需要的产品是淡水。如果将海水制盐与海水淡化相结合,一面生产淡水,一面生产盐,一举两得,效益就更高了。

从盐田里扒出来的盐是粗盐,含有很多杂质,需要把它溶解在水中再结晶,才能加工制成供人们食用的精盐。在加工过程中还得加进碘,没有碘的食盐不准在市场出售。如果人缺了碘,甲状腺的工作就不正常了,会造成新陈代谢混乱,得粗脖子病和使幼儿发育不良的克汀病等疾病。碘受热容易挥发,所以炒菜时尽量后放盐,否则加进的碘就白费了。

储存卤水的盐田可以综合利用。卤水比较淡的盐田可以养虾,卤水比较浓的盐田可以养卤虫。卤虫又可以当虾的饲料。

# 海水的七十二变

晒盐剩下的苦卤里含有很多物质。它本身可以用来点豆腐,有使豆浆里的蛋白质凝固的作用。卤水是有毒的,歌剧《白毛女》里的佃户杨白劳就是服卤水自尽的。用苦卤提取除氯化钠以外的其他化学产品,比直接用海水提取好得多。苦卤的浓度大,而且把海水中主要的溶质氯化钠去掉了。海水中除氯、钠外,镁、硫、钙、钾也是主要元素,溴、碳、锶、硼、硅、氟是微量元素,而氮、锂、铷、磷、碘、铁、锌、钼等则是含量更低的痕量元素。一些元素只存在海水中,陆地上几乎没有,只能想法从海水中提取;而另一些元素在陆地上更好开采,就不用从海水中收集了。

一些元素只存在海水中,陆地上几乎没有

溴基本上都蕴藏在海水里,它本身也是液态的,陆地上的溴还不足世界总量的 1%。溴是很有用的元素,可以作为消防用的阻燃剂。溴化物放到汽油里可以抗爆，汽车用的无铅汽油就是这么做出来的，能使汽车的耗油量降低 30%。溴还是制造染料、精炼石油以及制造感光材料不可缺少的原料。在有机合成工业中，溴是优良的中间体。常用的红药水、安眠镇静剂都是用溴为主要原料制成的。溴还能用来做农药，杀灭害虫。

因为溴是海生元素，所以只能从海水或卤水中提取。制溴的方法是空气吹出法和蒸汽蒸馏法。空气吹出法的步骤是酸化、氧化、吹出、吸收和蒸馏。吸收是很关键的步骤，需要找出一种专门的物质，既能从混合物中把需要的溴吸收，又能很容易地把溴解脱出来。以前都是用二氧化硫或碱当吸收剂，后来开发出一种液——固分配型吸收剂，它富集溴的本领很大，而且把溴解吸出来以后，吸收剂还能反复使用。海水提溴的技术已经产业化了。

海水的苦味就是硫酸镁的味道

镁是一种重量轻、强度大的金属，是重要的金属结构材料，镁的铝合金大量用在飞机、导弹和航天器上。镁的氧化物氧化镁是耐高温的耐火材料，炼钢和其他冶金工业用的炉子上都少不了它。镁是组成叶绿素的主要元素，它能促进作物对磷的吸收，所以在化肥中也不可少，常用的有钙、镁、磷肥。海水中氧化镁和硫酸镁的含量仅次于氯化钠，海水的苦味就是硫酸镁的味道。

从海水中制取镁的工序并不复杂，把石灰乳加入海水中，沉淀出氢氧化镁，注入盐酸，就得到氧化镁。把氧化镁还原可以得到金属镁。电解海水也能得到金属镁。苦卤自然冷冻能结晶出硫酸镁。氢氧化镁也是一种阻燃剂。硫酸镁是化工原料，还是泻药。

国外海水提镁产业已有相当大的规模。我国陆地上的镁矿比较多，还未大规模地从海水中提取镁。

钾是植物生命的延续及生长发育所必需的重要元素，它能促进光合作用，又能增加农作物的抵抗力，使茎秆挺直，抗旱、抗寒和抗病虫害的能力提高。钾化合物是重要的基本工业原料。

陆地上的钾盐蕴藏在古海洋干涸后遗留下来的盐湖或古海底的岩石里。世界上的钾盐资源是丰富的，但是分布不均匀，大部分集中在俄罗斯和加拿大，我国只有青海的察尔汗盐湖中才有。海水中钾的含量虽然相当高，可是由于与铀、镁和钙等含量更高的离子共存，所以从海水中提取钾并不那么容易。关键也是在于寻找有效的吸附剂，还得易于解吸才行，现在找到一种叫做冠醚的复杂的有机物可以作为吸附剂。我国试用沸石作为吸附剂也很有效。从苦卤中可以用不同温度下各种盐类溶解度的差异使钾盐与其他盐分离。尽管有这些方法，可是因为成本太高，都没有实用价值。由于我国陆地上出产的钾盐不够用，而钾又是重要的化肥，所以将来还得开发成本较低的从海水或卤水中提取钾的工艺，找出更理想的吸附剂。

提取碘的方法是别具一格的。海带等褐藻类植物有惊人的富集碘的本领，干海带中含碘 0.3‰～0.5‰，甚至高达 1‰，比海水中碘的浓度高出几十万倍。利用海带将碘富集之后，再用离子交换树脂吸附，可以得到碘。碘除了用作医药制剂之外，还是火箭燃料的添加剂，精制高纯度半导体材料时要用到它，在照相、橡胶和染料等工业中也不能缺少，切削钛等超硬质合金时，必须用碘的有机化合物作润滑剂。

每升海水中虽然只有 0.033 毫克的铀，可是海水中总的铀储量却相当于陆地的 4,500 倍，海洋将来可能变成核燃料的仓库。海水提铀的办法也是吸附法，试用过的吸附剂既有无机物，也有合成的有机物。由于海水中铀的含量很低，必须使非常大量的海水与吸附剂接触，吸附剂才能起作用。用泵抽取海水是不够的，而且耗电太多，只能利用波浪、潮汐和海流等自然力不断输送新鲜海水。人们在海洋中找到一种能富集铀的单细胞绿藻，它体内的含铀量比海水高 5 万倍。就像用海带富集和提取海水中的碘一样，也可以用这种单细胞绿藻富集和提取海水中的铀。

锂在陆地上是资源比较缺乏的元素，可它又是未来的能源和制造电池的原料，在工业上的其他用途也很广。从苦卤中结晶出氯化锂，用树脂吸附，反复浓缩纯化，就能得到锂产品了。

从海水中提取痕量元素是完全可能的，问题是目前成本太高，还达不到实用的程度。需要是最大的动力。到了陆地资源枯竭的时候，人类必然会进一步地发展新的技术，去大规模地提取海水中的痕量元素。

# 海洋——人类的第二家园

## 巨大的海洋空间

浩瀚的海洋,是一个可供人类利用的巨大空间。海洋空间包括海上、海中和海底。海洋空间的利用,就是对海上、海中和海底空间的利用。

自古以来,人类就利用海洋空间从事交通运输。但是,海洋空间利用作为重要的工程技术问题,是科学技术高度发达的现代才提出来的。随着世界人口的迅速增长,人们赖以生存的家园——陆地空间日益拥挤,于是,掌握了先进科学技术的人们,把目光转向了海洋空间,要把海洋空间开辟成为适于人类生存和为人类所用的第二家园。海洋空间作为一种可供开发利用的重要资源,日益引起人们的

浩瀚的海洋,是一个可供人类利用的巨大空间

关注。

现代的海洋空间利用已从传统的海上交通运输扩大到工业和农牧渔业生产、通信、电力输送、储藏、旅游、生活和文化娱乐等许多方面。随着海洋开发技术的进步，人类对海洋空间的利用不断扩大。科学家预计，到 21 世纪，人类在地球上的生活和生产环境将发生重大变化，海洋空间和陆地空间将被统筹安排使用，海洋将与陆地一样，成为人类赖以生存的家园。

## 变沧海为桑田

海岸是海洋的重要组成部分。海洋空间利用的重点地区是海岸。为开发利用海岸而兴建的海堤、人工岛、海港码头和围海工程等，称为海岸工程。

我国有大陆岸线 18,000 多千米，岛屿岸线 14,000 多千米。我国海岸带地处热带、亚热带和温带，位置适中，气候宜人，港口不冻，资源丰富，开发利用海岸大有可为。

海堤

海岸工程的重要一环是修筑海堤。泥沙质的海岸坡度很小，容易受到潮、风、浪的侵袭，有些岸边还会遭到海流的侵蚀。这类海岸需要海堤保护。世界上有很多大城市位于海边，海拔只有几米，抽取地下水使土地下沉，使这些城市更容易受海水倒灌威胁，如果没有堤坝，海水就会长驱直入。100 多年来，随着人类现代文明的发展，大量燃烧化石燃料，产生二氧化碳，把大气层变得像是一座大塑料棚，温室效应使南北极的冰盖融化，引起海平面升高。这对海拔很低的沿海大城市和大洋中的岛国是很大的威胁。这样海堤的作用就更加重要了。

海堤

海堤也用来围海造陆，人工把沧海变成桑田。荷兰正好处在莱茵河入北海的河口，那里原来有个叫须德海的海湾，水很浅。荷兰人的先辈筑了一条 30 千米长的堤把湾口拦住，用风车把海水抽出去，形成土地，开辟成新的家园。以后又一代一代地围海造陆，因而荷兰的海岸工程是举世闻名的，全国几乎有 1/3 的土地是向海洋要来的。

日本陆地狭小,不得不向海洋发展,筑了很多人工岛,在这些岛上建起城市、机场、码头和仓库。在东京湾内用城市垃圾填海,造出了18个小岛。东京的迪斯尼乐园就是建在填海造出来的土地上的,这个2.11平方千米的岛上公园每年要接待1,000多万游客。神户人工岛建在离岸3千米、水深12米的濑户内海上,是花了12年把六甲山的8,000万立方米土石搬来填成的,总面积达4.36平方千米,上面建了规模宏大的港口、码头,还有供2万人居住的住宅区。这个工程很结实,1994年阪神大地震时都没有被震坏。

新中国成立后也建设了许多围海工程。上海的金山石化企业、福建和广东的一些发电厂的厂址都是填海造成的。在上海市的崇明岛、浙江的杭州湾南岸、福建的幸福洋和广东的磨刀门等地建筑海堤,造出大片良田。磨刀门工程围海170平方千米,造出田地133.4平方千米。这些围垦工程已全面机械化,采用浅吃水液压船施工,插接塑料排水板,大量土方用筑堤机完成,工程的效率很高,质量很好。厦门的筼筜湖原来是一片滩涂,在建设特区时把湾口筑堤拦起来,把12平方千米的海湾填得只剩2平方千米,在形成的陆地上建了开发区。可是外国投资者却望而却步。为什么呢?原来,海堤把海水隔断,堤内的水不能循环,成了一片臭水。后来把海堤挖开一条通道造成桥,使海水能够流出流

进,死水又变成碧海,开发区成了公园式的城区,从而引来了大批的投资者。这个工程作为海洋开发的典范得到联合国的表彰。

海岸工程的重头戏还是为船舶修建港口、航道。海运自古就是隔海相望的人们互相交往的手段,现代文明的发展起源于16世纪起欧洲人的海上探险。船舶远涉重洋,为新兴的资产阶级从殖民地运来原料,又把黑奴从非洲运到美洲,为他们生产原料。欧美发达国家的财富就是这样积累起来的。发达国家当代的生存和繁荣是建立在石油的基础之上的,巨大的油船为他们运来经济的动力。

虽然现在空运、陆运也很便利,运输石油、煤炭也可以靠管道,可是海运的运输量大,一艘巨轮可以装几十万吨,成本低,所以海运仍然是运量最大的运输形式。

港口

建造港口的岸线应当位于货物的集散中心,像通航大河的河口、大工业城市、大宗货物——石油、煤炭、粮食的出海口,等待运输的货物多,最需要

建港。一些港口建在河口,像上海港建在长江口,鹿特丹港建在莱茵河口,新奥尔良港建在密西西比河口。另一些港口建在能避风浪的深水海湾里,像大连、青岛、香港和东京的港。在没有天然的良好建港条件的地方,就得建一些海岸工程来创造建港条件。在泥沙质海岸上建港,航道深度不够,需要用挖泥船挖出深水港池,疏浚出深水航道,填海造出码头。天津的塘沽港建在海河口,原来的水深不够,不能停泊大船,后来完全靠人工建成了北方的大港,集装箱装卸量还居全国第一呢! 有些港口外面没有天然屏障,建在开阔的海岸线上,风浪可以长驱直入,这就得在港口外建防波堤,把波浪挡在外面,否则波浪会使靠在码头边的船颠簸不堪,没法装卸货物。

在河口港里码头是顺着岸排列的,因为河道的宽度不大,只能这样摆。在海湾或沿岸的港口,码头多半垂直于海岸,这样才能最大限度地利用岸线。有的码头像一个小岛,用桥或海底隧道把它与海岸连接起来。码头的用途不同,装的货物、停靠的船就不一样,码头的构造和它上面的设备也各不相同。除了一般通用的客货码头以外,还有专门装卸集装箱、石油、煤炭和车辆的码头。

## 向海底发展

人类在利用海洋空间的过程中,不仅向海上和海中发展,还向海底发展,开发利用海底空间。

在河口港里码头是顺着岸排列的

这座桥（或是隧道）取道水底下

日本已经用海底隧道、海上桥梁把本州、四国、九州和北海道四座大岛连接起来。本州和九州之间的海峡很窄，早就用关门海底隧道沟通。本州与四国之间隔着濑户内海，利用海中的几个小岛建造濑户内海大桥，把两岛连接起来。本州与北海道之间的津轻海峡比较宽，下面修建的青函隧道全长53.85千米，其中在海底的部分长23.3千米，是目前世界上最长的隧道，工程十分复杂，开工以后经常塌方，只得用高压注入水泥和水玻璃混合凝固液形成防水层。英法之间的多维尔——加来海峡的海底，也已用53千米长的高速铁路隧道沟通，使英伦三岛不再是孤岛。在施工时从英法两边同时掘进，用卫星遥控激光束引导两台巨型掘进机作业。两台巨型掘进

机在海底会合时竟不差分毫，可见技术的高明。

当今世界已经进入信息社会。各大洋底下都已经在100年间陆续铺设了海底电缆。

上一节我们谈到的日本的人工岛，还有一座建在东京湾里，形成一个离岸7千米的钢铁生产基地，面积达510万平方米，年产钢600万吨，有海底隧道通到岸边。日本打算用100年时间，耗费30亿吨钢在日本列岛周围建设一条环状的钢铁大堤，离岸50千米，高出海面100米，宽150米，总长8,000千米。计划投资39万亿日元建设9个海洋开发项目，其中一个是在离东京120千米、水深200米的太平洋中建一座海洋城，用1万多根钢铁立柱支撑，要用1亿吨钢，是一座4层的大平台，城里有商业中心，还有公园、球场，可以把100万东京人搬过去。建成以后，可就是名副其实的海上宫殿了。

日本、美国已建了许多大型的海底混凝土建筑物，当做海中的石油、煤炭仓库，不但不占宝贵的土地资源，而且比陆地上的仓库更安全。人类向海底发展的步伐将会越来越大。

## 黄金海岸

海洋空间资源还有一个重要的用途，就是用来发展旅游业。这门无烟

产业的地位已经赶上或超过一些传统的海洋产业。

夏威夷风光

湛蓝的海水、金黄色的海滩、美丽的海上景色、迷人的海岸风光,都是宝贵的旅游资源。人们可以在海水中畅游,在沙滩上晒太阳,在碧海中驾驶快艇兜风,在海中垂钓。游览性的潜水运动、冲浪运动在发达国家也很流行。面对大洋的海滩波浪的波长特别长,像美国的夏威夷、加利福尼亚的海滩,很适合于开展冲浪运动。夏威夷海滩是世界著名的旅游胜地。我国昌黎的黄金海岸除了细沙海滩以外,大自然还把沙子堆成一座几十米高的沙山,朝向海滩的一面比较陡,游人可以在山坡上滑沙,惊险有趣。海南的亚龙湾号称"中国的夏威夷",有清洁的海水和沙滩,现在还建了海洋世界。

日本、美国和中国香港等地不论是海洋乐园还是海洋生物博物馆,游人可以在透明走廊里走到水下,观赏各种瑰丽的热带鱼、珊瑚以及千奇百怪的海洋生物,也可以坐着透明底船俯视海洋生物的生活状况。很多娱乐中心建在海里,甚至建在海底。海滨自然保护区也能开辟成旅游胜地,像美国的佛罗里达、澳大利亚的大堡礁和日本南部海岸等,使游人在游览海洋美景的同时,增强环境保护意识。

## 海上宫殿

"泰坦尼克"号

人们最舒适最有趣的旅游恐怕要算乘坐豪华海上游轮了。这种旅游客船是一座活动的海上游览娱乐场,要求豪华、舒适、环境优美,使乘客在享受着人间富贵的同时饱览海上风光。至于船的运输功能反而是次要的了。

最著名的,也是命运最悲惨的豪华海上游轮是"泰坦尼克"号,它长270米,排水量46,000吨,有11层楼高,在当时算是世界最大的船了。1912年4月10日,刚下水不久的"泰坦尼克"号从英国的南安普敦出发开始它的处女航,驶往美国波士顿。这是一次历史性的航行。船上载着许多名人、巨富。这艘船号称永远不沉、万无一失。它有双层船底，分隔成 16 个水密舱，4 个舱破损进水也不会沉。当时没有雷达、声呐等导航设备，靠人瞭望导航。开到加拿大的纽芬兰以南处被流动冰山所擅沉没，船上的 2,200 位乘客中有 1,513 人不幸遇难。1985 年科学家乘着潜水器找到了沉到大洋 4,000 米深处的"泰坦尼克"号的残骸，发现它已经断成三截，船体很多部位被海底 400 个大气压的压力挤破。前些年的报道，包括电影《泰坦尼克号》中都认为这艘巨轮右舷被划开一条 100 多米长的口子，进水沉没，最近又有人认为"泰坦尼克"号悲剧的发生是因为当时的冶金工业技术不高，炼出的钢比较脆，受到冲击时出现很多小裂纹所致。

分在加勒比海、地中海和大西洋航行，生意相当兴隆。其中"皇冠公主"号和"皇家公主"号是姊妹船，是在意大利建造的，排水量 7 万吨，全长 247 米，宽 32 米，吃水 7.9 米，用柴油发电，电力推进，航速 19.5 节，能载 1,590 位乘客。这些船上拥有一切五星级宾馆的设备，例如带玻璃天窗的大游泳池、按摩治疗室、能眺望海景的大餐厅和单间餐厅等。意大利建造的"狂欢节命运"号，是 10 万吨的 270 米高的巨轮，有 16 层甲板。船上有 9 座大厅、16,000 个座位的剧场、各容 1,050 位和 750 位客人就餐的餐厅、4 个游泳池、载 1,000 名船员和 3,400 位乘客。

## 维系世界文明的海上运输

沉入海底的"泰坦尼克"号

"泰坦尼克"号的悲剧已经过去，发达国家的富豪们还对在海上享受奢华生活情有独钟。现在世界上比"泰坦尼克"号大的 5 万吨以上的新型豪华客轮有 10 多艘，而且大部分是 20 世纪 90 年代建造的。这些巨轮大部

豪华海上游轮

豪华海上游轮是当前客轮发展的一个方面，客轮发展的另一个方面是向渡轮发展。在发达国家，家家有汽车，出门必开车，渡轮已经不是过去摆渡的那种较小的船只，而是能装载大量汽车越过大河、海峡、海湾的较大的

轮船。渡轮的设备也很好,汽车开上船停好,人可以到上层甲板休息、购物和娱乐。

飞机、火车和汽车都比轮船快,客轮的优越性就越来越小了。在信息社会里,人的时间宝贵,谁还有耐心坐十几天十几夜的轮船横渡大洋办事呢?只能发挥轮船较舒适、便宜的特点,开辟一些夕发朝至的航线,才能与空运、陆运竞争,否则就要被淘汰了。只有豪华游轮和渡轮是海运的专长,不怕竞争。

船舶的主要用途是货运。现代的货运分工很细,载运的货物不同,要求不同,所用船的结构也不一样。集装箱船是近年来发展最快的货船,钢铁制造的标准集装箱可以把需要运输的物品装在里面,搬运装卸都有特殊装置、设备,货物在箱内可以固定,不会被碰坏,集装箱可以密闭,可以固定在船的甲板上,箱子是标准的,垒在一起节省空间。散装船用来装矿砂、煤和粮食之类的零散货物,船上有很大的舱,用传输机械装卸。货轮都做得很大,每次可以多运一些货物,5万吨到10万吨的大货轮已是很平常的了。这种船虽然经济性好,可是船大,船宽,吃水深,要求航道、码头的水深在12米以上。有的船太宽太大,连巴拿马运河都通不过。滚装船适于装运汽车、工程机械等能够自己开上船的货物。

油轮是很重要的一种货轮,它是

油 轮

为运输石油设计的,船上有储油舱和装卸用的管道。为了防止万一触礁碰撞损坏,溢出原油,新型油轮都装上双壳双底。有一段时间以为油轮越大越好,建造了50万吨的大油轮,后来发现这么大的船风险太大,万一出了事故后果严重,又改建10万~20万吨级的。50万吨级的大油轮吃水太深,通不过运输最繁忙的马六甲海峡,只能绕行印度尼西亚的龙目——马加撒海峡。我国为国外船东建造过15万吨的大油轮,完全是照国际标准机构船级社的标准设计的,丝毫不比外国人造得差。

我国现在已经是一个海运大国了。从北到南有大连、塘沽、青岛、连云港、上海、宁波、厦门和广州等200多个港口,大型的港口有20多个。港口中靠船的泊位有1,263个,能靠深水巨轮的泊位有394个,每年吞吐的货物有8亿吨以上。我国有远洋运输船4,000多艘,总吨位2,700万吨。我国香港是世界上最大的集装箱装卸港,超过欧美所有的大港。

可以毫不夸张地说,世界文明是靠海洋运输维系着的。

## 船的大家族

船不仅用来载客、运货和装油,还有其他的许多用途。设计师为适应各种需要,设计出形形色色的船,组成一个船的大家族。

我们来看看船的基本构造。船在水中前进时,它的外壳受到的阻力应当尽量的小。水对船壳有摩擦阻力,船壳越光滑,阻力越小,所以船的表面

货 船

都做得很平整。钢铁船壳用平滑的焊接代替过去高低不平的铆接,阻力可减小10%。船在海水中停泊时,讨厌的牡蛎、藤壶会附着在船壳上,使船的表面粗糙不平,增加航行阻力,必须及时清除。在船壳表面还需要涂防生物污损的漆。船前进时,船头劈开水面,产生很高的波浪,使船头抬高,船上下摇摆,阻碍船前进。科学家发现把船舶做成球形,能抑制航行产生的波浪。如果你看到在船坞里修理的大船时,就会发现船头有一个球形的大鼻子,

集装箱船

叫做球鼻艏。就是这个其貌不扬的结构，可以使船航行的速度提高，而且更加平稳。船高速航行时，在船的周围产生涡流，船上凹凸不平的地方和有孔洞的地方都会产生涡流。推进船用的螺旋桨旋转时，形成的涡流更为重要。为了减小这部分阻力，把船体做成流线型。在水下航行的潜水器、潜艇的整个外壳就像水滴，这种形状阻力最小。在螺旋桨和固定在船壳外的设备外面套上光滑的导流罩，也可以降低阻力。鱼和鲸的力量比人造的巨轮小得多，可是它们却能游得那么快，秘密在它们那柔顺的皮肤，能在水流冲击时顺着水势变形，上面还有一层黏性的物质，使皮肤变得滑溜溜的，从而减小了阻力，提高了游速。人们以这些生物为师，研究出类似海豚皮的有机材料聚氨基甲酸乙酯，蒙在潜艇外壳上，也能使潜艇在水下减小阻力，提高航速。

古船

在古代，船壳是用结实耐久的木材制成的。现代的船壳是用更结实、更宜于大量生产的钢板焊成的。船像鱼一样，在船底的中轴有一根龙骨，两边隔一段距离装上一根垂直于龙骨的肋骨，船的这套骨骼使它能够支撑重量，乘风破浪地航行。船的水下部分横断成几个舱，各个舱之间是水密的，有不透水的门可以相通，把门关起来，即使少数舱进了水也不会沉没。这种有隔舱结构的船还是我们中国人的祖先发明的呢！生于 1254 年的意大利旅行家马可·波罗，元朝时在中国住了几十年，他回国时就是坐的这种船，从泉州出海回到意大利，他十分佩服地向西方介绍了这种船的特点——隔舱结构，四桅四帆，还有指示方向用的罗盘，使西方人惊叹不已。

帆船

船前进的动力有一个很长的发展过程。最早是人划的桨。古希腊人的划桨船曾称雄爱琴海；太平洋小岛上的波利尼西亚人划着独木船向西航行几千千米到了澳大利亚、新西兰；一直到公元 800 年，北欧的海盗船仍然是人力划桨的。

用帆巧借风力，使船长上翅膀，开始了帆船时代。帆利用空气流，在帆的两面产生压力差，推动船前进。风的方向不一定符合船前进的方向，改变帆的角度，能利用各个方向的风，使船以之字形航行，最终达到前进的目的。西方的帆船在13～16世纪才发展起来。帆船发展的关键在于用结实的麻织成帆布，这种帆布比棉布结实，耐风吹雨淋太阳晒。整块的大帆很重，折叠起来很费人力，于是把一块大帆分成横幅较宽、纵幅较窄的几块较小的帆，再靠增加帆杠组合成一张大帆。不同位置、各种形状的帆各司其职，使18～19世纪的西方帆船成为一种工艺十分复杂的艺术品。由于帆船的动力有限，航速不高，操纵又很麻烦，需要很多水手，还有一定危险性，所以帆船在19世纪后期被蒸汽机轮船淘汰。近年来，有人提议给巨型轮船再装上帆或者能在风中旋转的转子圆筒，用计算机控制操纵，利用风的能量，以节约燃料。

军　舰

出现蒸汽机以后，把它装到船上作动力，开始时用明轮推进，轮船就是这样得名的。可是大轮子成了风浪的靶子，在海里不实用。后来革掉了大轮子，用螺旋桨在水下推进，就使"轮船"无"轮"，只留下个名字了。螺旋桨的轴上装着桨叶，桨叶有个曲面，装在轴上呈螺旋形，桨叶在轴旋转时把水推向后方，水的反作用力使船受到推动力而向前走。船向前走时，船体附近的水产生和行船方向相同的流动，在设计船和螺旋桨的时候还得考虑这个问题。螺旋桨的旋转速度过高，或者形状设计得不对时，在桨附近会形成压力很低的区域，产生气泡，这就是所谓空化现象。空化产生的气泡不仅会发出很响的噪声，还会腐蚀螺旋桨，是个需要认真设计才能避免的问题。蒸汽机的热效率低，烧煤既费力又肮脏，所以后来又被烧柴油的内燃机代替。现在的船上大部分采用多个汽缸的低速柴油机。在巨轮上也有用涡轮机的，以柴油作燃料，先在锅炉内烧蒸汽，再用蒸汽推动涡轮机带动螺旋桨；或者用涡轮机发电，用电机带动螺旋桨，这样操纵更为方便。军舰还有用核动力推动的。螺旋桨一般安在船尾，可以减少水流的阻力。要求机动灵活的军舰装有两个甚至多个螺旋桨，可以使军舰很快地转弯。海洋调查船必须会在海洋里停泊不动，或者用很低的速度航行，可以在船的两侧装上小功率的螺旋桨推进器。

船的速度越高,耗费的能量越大,超过一定速度以后,耗费的能量几乎以立方的比例增加。目前民用船的速度一般都在 10～20 节之间,比较经济。只有担负战斗任务的军舰、缉私快艇和游览、运动用的快艇才达到 30 节以上的速度。

船转弯、调速不像汽车那样容易,尤其是万吨巨轮,惯性很大,要想叫它停住,得滑行几千米到十几千米,进出港时还常常不能"自理",得用拖船拖着它走。船艉小小的舵是确定船航行方向的工具,庞大的船得听它的支配,现代的船都用电动操舵。

波浪的威力很大,能把万吨钢铁巨轮打得东摇西晃。船不但有左右的摇摆,还有前后的摇摆,有时还有扭动。没有坐船出过海的人常以为海洋就像诗人所描写的那样美丽雄壮,等到坐船出了海,尝到了晕船时那翻肠倒肚的滋味,才知道海洋的残酷。船摇摆的幅度太大,还会使船上的设备倾覆,仪器失灵,甚至使船翻沉。为了

潜　艇

减轻船在波浪作用下的摇摆,在船的两侧装上小鳍,可在船左右摇摆时起稳定作用。在船舱里划出一部分装上压舱水,适当地调整,也可以使船平稳。

由于发动机不可能突然停车、倒车,因而要使船减速、停泊是比较困难的事。用桨叶角度可以操纵的螺旋桨能使小型的船在几秒钟内停住不动,可是对以 15 节速度前进的 40 万吨油轮用同样的方法控制的话,得前进4.5 千米才能停得住。将船舷两侧的锚连同锚链抛下海,锚钩住海底,可以把船固定住,一般锚链的长度比水深要大几倍才行,可是如果水深超过500 米时,锚就无能为力了,因为船上载不动那么长的锚链。即使抛了锚,船在风和流的作用下还会移动,随着涨潮、落潮时潮流的改变船会绕着锚旋转。要使船在停泊时不移动,完成钻探等任务,就要用多个锚,从船的不同部位分别抛下去。但这时船受风浪的作用特别厉害,抛锚有很大困难。不是有特殊要求,船都是单点系泊的。

先进的船的驾驶室里,各种仪器设备五花八门。有自动驾驶仪,能根据预先划定的航线操纵航行,还能根据气象导航台的指示修正航线。全球卫星导航系统 GPS 的接收机能根据天上 21 颗卫星发出的信号确定船位,还能精确地告诉你船的位置。用声学测深仪可以不断测出船下方的水深。声呐、雷达可以分别侦察水下、空中的

卫星导航系统示意图

障碍。通信设备可以用电磁波把船与全世界联系在一起。船体上有许多铁磁物质，船壳就是铁的，会屏蔽地磁场，干扰罗盘的工作。人们都有这样的经验，陀螺转动起来就能向一个方向前进，用同样的原理，用高速旋转的陀螺仪能保持稳定的参考方向，用这个方向代替容易受铁磁物质干扰的地磁场参考方向，这样做成的罗盘不会受铁磁的干扰。

除了推进和驾驶、导航外，船上还有系泊、起重用的绞车，抽水、抽油用的泵，通信设备，照明设备，生活设施，供电系统等，可以说是一座浮在海上的城市。

有些特殊用途的船必须专门设计。如前面已经提到的科学考察船和海洋调查船，必须适应千变万化的科学实验的要求。此外还有许多种专用船，如拖船、浮吊船、潜水母船、冷藏加工船、打桩船、铺缆船和水船等，都必须专门设计。拖船的拖曳力量要大，航速则不需要很高，船上的远航设备也可以简单一些，但它得能把比它本身大几百倍的船或平台、沉箱等工程设备拖着走，或者是顶推、侧推，帮助它们进出港、靠离码头、进入工作位置。浮吊船是海上的起吊设备，一般本身不会航行，要用拖船拖着走，上面有几十米高的吊杆、功率很大的绞车，能在海上吊起成百吨重的重物，进行安装调试。潜水母船上有潜水员潜水作业所需的装具、气体、减压舱和水下居住舱等设备，它的职责是带着潜水员执行潜水任务。冷藏加工船是一座海上的冷库和食品厂，可以把在海里捕捞的水产就地加工保鲜。打桩船能在海上给海

海洋调查船

岸工程和近海工程的设施打桩,在上面建造海上建筑物。铺缆船船艏有铺缆设备,专门用来在海上铺设海底电缆、海底光缆。水船专门为海上作业的船和缺乏淡水的岛屿运送淡水。

水对船的阻力比空气对船的阻力大得多。海豚游泳时不断跃出水面,可以增大前进的速度。水翼船、气垫船和掠海翼船等特种船也学了海豚的这个本领。

水翼船的船体下部装有水翼,低速航行时与普通船一样浮在水面上前进,船速增加时水流作用在水翼上产生升力,把船体前部托出水面,作用在船体前部的摩擦力和波浪阻力就都不存在了,总的阻力大约小了一半。水翼船还有两个优点,一个是受波浪的作用小,因此横摇小;一个是大部分船体在大气中航行,惯性比在水中小得多,发动机停止运转后,比水面船舶容易停船。

气垫船

气垫船周围被橡胶制成的围裙围住,船底的风机向下鼓风时,在围裙所围的空间,船底和水面之间形成气垫,把整艘船都抬出水面,用空气中的螺旋桨使船前进。这样,船在水中所受的巨大阻力都不存在了。实际上气垫船的航行跟飞机更为接近。

水翼船和气垫船都要把船抬起来,所以不可能做得很大。海面的波浪如果较大时,它们就不能工作了,所以一般都把它们作为快速渡轮或近距离客船使用。

掠海翼船是一种介于船与飞机之间的交通工具。在海里滑行一段路以后,腾空而起,但又不像水上飞机那样升上高空,而是在海面以上不高的空中飞行。前苏联制造的"里海怪物"号能载100吨左右重量,飞行数百千米。这种交通工具是很有发展前途的,比飞机经济,比轮船快得多。

## 像鱼儿在水里遨游

当人们看到鱼儿在水里自由自在地游着的时候,很自然地就会想到,如果人也能像鱼儿那样在水里遨游就好了。

最早,渔民屏住呼吸,仅靠肺里的氧气潜到水下,采集海参、鲍鱼和海藻。古典小说《镜花缘》里描写了才女廉锦枫入海潜水为生病的母亲采海参的故事,梅兰芳还把这段故事改编成京剧。直到现在,在广东、海南还有很多下海采集海产品的潜水姑娘。一般

人在海水中屏气停留的时间不超过 1 分钟,最有技术的人在海水里也只能待上 3 分钟,潜到几乎有 0.7 兆帕压力的 66 米深。这恐怕是人类所能达到的极限了。

深海潜水

要想在水中潜得更深,停留时间更长,就得使人在水中能呼吸到氧气,耐受得住更大的压力。人的肺生来是在空气中呼吸的,在水中就会窒息,而且海水中的溶解氧太稀薄,远远不能满足人呼吸的需要。潜水员穿的潜水服能解决这个问题,把人和海水隔离开来。潜水员头上戴着金属头盔,面部前方有透明的观察窗,口鼻不会接触到水,可以在头盔里呼吸。金属头盔很结实,是一顶很牢固的安全帽。潜水服是硬的,但关节可以活动。脚下穿着笨重的铅靴,使潜水员保持直立的姿势,不会翻倒。潜水服的下部也有压铅,可把衣服拉平。呼吸气体的压力必须与外界海水的压力平衡,否则潜水员就会受到海水的压力,潜水服也会被压坏。压缩气体管、电源

线和通信线路都放在橡胶管里,通到潜水母船上,这根橡胶管通常叫做脐带。训练有素的潜水员能在海水中观察、施工、检修和电焊。海岸工程和近海工程都少不了潜水员。潜水员拖着脐带在水下工作,有被脐带缠绕的危险。在浅海里,潜水员可以不用母船供给的气体,而用自己背着的压缩气瓶供气,还可穿柔软的潜水服,这样在水下活动时就灵活多了。

潜水员

潜水员呼吸的空气加压后,其中的氮气也被加压,人呼吸进去以后,氮会溶解在血液中。压力达到一定程度,溶解在血液中的氮的浓度达到饱和,再增长停留时间也不会增加浓度。血液中过多的氮气能使人麻醉,还会堵塞血管,影响血液流通,这个症状叫做潜水病,严重时会使人死亡。潜水员在水下经受高压,血液中溶解有氮气以后,不能马上上升到海面。如果上升得过快,血液中溶解的气体突然失去压力,就会一下子蒸发出来,人就会受不了,甚至危及生命。所以潜水

员在工作结束后，必须逐步减压，使血液里的气体慢慢释放出来，才能从高压环境回到常压环境中来；或者分段减压，上升一段，休息一些时间，再上升。有一种潜水舱，从母船上用钢缆吊着放到水下，里面可以加压，潜水员可以乘潜水舱下潜，到了预定深度再出去，进入水中。工作完毕，再回到潜水舱内，升到水面，再在舱内逐步减压。既然氮有这个坏处，是不是可以把空气中的氮去掉，让潜水员呼吸纯氧呢？也不行。氧虽是人不可缺少的好东西，可是过犹不及，吸高压纯氧能使人中毒。氮的比重比较大，高压氮使人呼吸困难，下潜深度超过30米时，要用比氮轻的氦掺到空气里。这种潜水方法叫做氦氮氧潜水。把氮去掉，只用氦氧混合气体的潜水叫做氦氧潜水。潜水员工作时血液中溶解的氦、氮达到饱和时，叫做饱和潜水。人在混合气体里说话，听起来像鸭子叫一样，根本听不清，于是又得解决通信问题，把变了调的声音再变回来，好让人听得清。用比氦更轻的氢代替氮时呼吸阻力比用氦更小，可是氢有爆炸燃烧的危险。美国人曾创造了686米的混合气饱和潜水记录。我国在上海建成500米饱和潜水系统，有加压水舱、过渡舱，潜水员不用潜到水里，可以在这个系统里模拟下沉的过程，在里面长期生活，进行各种作业。现在

世界上公认的空气潜水作业深度为60米，氦氧常规潜水为120米，饱和潜水为200米。

常规潜水时潜水员需要长时间适应水下环境与回到常压环境，所以效率很低。饱和潜水的潜水员在工作间隙可在水下高压潜水舱内休息，而不必减压、加压，使工作效率大大提高。用钟形潜水舱还可以把工作环境罩起来，使潜水员可以在干的环境下操作。

承压潜水用的气体价格昂贵，潜水员还要有很长的适应时间，因此最好是使人完全与水隔离，避免承受海中高压。用单人常压潜水服可以解决这个问题。单人常压潜水服是用轻而结实的铁合金等金属制造的。潜水员在这种耐压的潜水服内，不受海水的高压作用。不过这种潜水服比承压潜水服笨重得多，潜水员穿着它工作更需要有较高的技巧。常压潜水服有人形、半人形和非人形等。

人也可以通过一种半透膜与周围海水环境进行氧和二氧化碳气体的交换，跟鱼一样。这种仿照鱼鳃做成的设备叫人工鳃。这种膜是添加血红蛋白的聚合物半透膜——血海绵，它能从海水中吸附溶解氧，集中在集氧器内，吸附一定数量氧使膜钝化后，通电把它激活。背上这种人工呼吸器后，人就可以在浅水里像鱼一样游来游去了。

# 海洋——绿色能源宝藏

## 缚住蛟龙

海洋中蕴藏着巨大无比的能量。据联合国教科文组织出版物估计，全世界海洋能总量为 766 亿千瓦。潮汐能使整个海平面抬高 1 米多，在有的海岸激起 18 米高的怒潮。波浪能掀翻大船，抛起巨石。巨大的海流流量是全球河流总流量的 100 倍。海面水温与海底水温之间的温度差和河口低盐度海水与大洋高盐度海水之间的盐度差也蕴藏着难以估计的能量。这些能量都是太阳热能或月球、太阳的引

伊斯坦布尔海峡

力产生的，是永远不会枯竭的能源。人类不可能伤其毫发，而且用掉了立即就会再生。利用这种能源还不会像燃烧化石燃料那样造成污染，引起酸雨、温室效应等灾害，所以是干净的绿色能源。

海洋能源是十分丰富的，可是也是非常分散的，得把密度很低的海洋能源集中起来才可供开发。美国科学家计算，全世界可以开发出来的海洋能只有 64 亿千瓦。人类总不能到距离海岸线几千千米的大洋里去利用海洋能啊！尽管这 60 多亿千瓦比总蕴藏量 766 亿千瓦小得多，但也是相当可观的发电量，长江三峡不过才能发 1,000 多万千瓦的电。海洋能只能在沿岸变成电能，或者在海边就地利用。

有些海洋能源只存在于某些海区。例如，可供利用的潮汐能只在潮差大的河口、海湾和海峡才有；温差能只能在热带海区才有，而且得在深度突然增加的陡峭的深海峭壁附近才好

利用。

海洋能既可供开发，又有着很强的破坏性，严酷的海洋环境使开发海洋能的工作变得异常复杂和困难。试验的海洋能发电站往往寿命不长。由于工程量大，技术要求高，所以开发海洋能的成本相当高，很难达到实用程度。虽然如此，人类还是在锲而不舍地为解决这个异常复杂和困难的问题而努力工作着。

## 潮汐发电

潮汐能发电机

潮汐主要是月亮对地球的引力产生的。潮汐能不但资源丰富，而且有许多自然条件很理想的河口、海湾，聚集了值得开发的资源，可以说潮汐能是海洋能中的"富矿"。

1966 年，法国人在英吉利海峡边上的朗斯河口建成一座迄今为止世界

法国朗斯潮汐电站是世界最大的潮汐电站

上最大的潮汐发电站，总装机容量 24 万千瓦，每年能发出 5.44 亿千瓦时电。潮汐发电站实际上是利用潮差的低水头水力发电站。朗斯潮汐发电站在河口湾的出口修筑了一条 160 米长的堤坝，利用河口湾作为天然水库。坝上有闸门，涨潮时纳水。发电机房建在流道上，设计成涨落潮都能发电的双向工作状态。选用灯泡形贯流的特殊水轮机来适应 5～8 米的低水头。这座潮汐发电站至今运行正常，不但发出电供给电网，还积累了很多经验，如从运行中总结出双向发电不如单向发电合算，利用涨潮时进水，落潮时发电效果最好。这座潮汐发电站虽然建在海水中，可是用了电化学的方法，选了耐蚀的材料和涂料，使电机和闸门等设备都能在强腐蚀的环境下工作。

加拿大的安那波利斯潮汐发电站，建在世界上潮汐资源最丰富的芬地湾中的一条小河口上，是大规模开发芬地湾潮汐资源的一项试验工程，

于1983年投入运行,有1台装机容量2万千瓦的发电机,年发电量5,000万千瓦时,利用的水头高1.4～6.8米,也是单水库单向发电工作状态,落潮时发电。水轮发电机是全贯流式的,比灯泡贯流式结构简单,效率高,4片叶片是用镍铬不锈钢制造的。因为加拿大的水力资源还远没有开发完,所以对潮汐发电的要求不迫切,虽然电站是成功的,芬地湾的开发却没有提到日程上来。

我国的江厦潮汐发电站名列世界第三,位于浙江温岭县的乐清湾内,是双向发电的潮汐发电站,共有5台机组,水轮机也是灯泡式贯流的,1980年第1台机组发电并网,1985年建成,总装机容量为3,200千瓦,年发电量1,000多万千瓦小时。水库由670米长的黏土心堆石坝形成,利用的潮差为0.8～5.5米。这座潮汐发电站也是成功的,除了正常发电以外,还创造了综合利用的条件,库区围垦了约2.7平方千米农田,水库里养了鲻鱼、对虾,1.2平方千米的滩涂养了牡蛎和蛏子。

世界上正在筹建的大潮汐发电站将建在英国西南部的塞汉河口。塞汉河口有点像我国的钱塘江口,有很高的潮位,估计能开发的潮汐能有450万千瓦。我国福建、浙江也在计划修建10万千瓦级的潮汐发电站,有几个站的站址已经勘测完毕,设计也已完成,只等开工了。

## 驯服波涛

摆式波浪发电装置

利用波浪发电的尝试不像利用潮汐发电那样顺利。波浪不像潮汐那样"有信"。为了开发波浪能,科学家提出了几十种方法,把随机变化的波浪能变成容易控制的机械能,再用以发电。这些方法归纳起来大致是把波浪能变成上下振动的水柱、推动机械横摆和推动机械纵荡等三大类。几十年过去了,除了供给灯标发光的小功率发电装置外,都不能算是成功与实用的。

振动水柱式装置先使波浪进入储能区,利用谐振效应聚集起来,波浪的动能把海水压进垂直放置的粗管子里,管子里的水柱随着波浪起伏而振动。管子上端是封闭着的,水柱振动时,水柱上方的空气也被压缩、减压、跟着振动。利用振动的空气推动威尔斯空气涡轮机发电。

挪威、日本在岸边选择聚波的喇叭形峡湾,略加修整,预先使波浪聚能,再建造振动水柱塔,利用波浪发电,设计的发电能力为 40～500 千瓦的数量级。这些试验波浪发电站都能工作,但是不够可靠。挪威的波浪发电站在 1988 年的一次风暴中被狂浪打坏。

上的船。它在山形县附近的日本海上抛锚,船上装有振动水柱式发电装置,发出的电通过电缆送到陆地上。

英国科学家发明一种纵荡式的波浪转换系统,做成凸轮的摆,能在波浪的作用下做纵向的振荡,像水面上的

摆式波浪发电装置

把小型的波浪发电装置装在灯标里,在 0.4 米的波浪条件下能发出 12 伏、6 瓦的电,供给灯标里的蓄电池作充电用。这种波浪能灯标已经成为商品了。

挪威一座 350 千瓦波浪发电站的设计是另一种形式的。它利用渐缩的入口聚波,使波高放大,溢出波道,保存在储能水库里,再用与潮汐发电站一样的原理利用水库里比海面较高的水位在放水时发电。

日本的“海明”号是一条浮在海面

鸭子在点头,因此给它命名为“点头鸭”。为了充分利用波浪能,在海面布设了许多这样的转换装置,在波浪的作用下,这些“鸭子”上下摆动,使它们的轴旋转,把波浪能变成机械能。这个系统理论上效率很高,可是在海面上布设很复杂,不够可靠,向岸上输电也不方便,试验后就束之高阁了。

日本还开发了一种横摇的摆式波浪发电站,在面向波浪的岸边建造槽形的水室,使波浪进入水室,再从水室后壁反射,在水室里共振,形成驻波,

波 浪

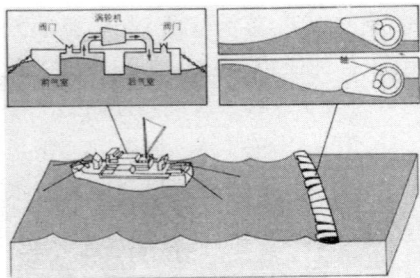

波浪发电示意图

把能量聚集起来,推动安在驻波节点上的摆,使它横摇,再用液压系统收集它的能量。在建造防波堤时,把这种电站建在防波堤外面,吸收一部分波浪打在堤上的能量,可以起消波作用。

我国也建了岸边的振动水柱式和摆式波浪试验电站,功率不大,只能供应孤悬在海中的岛屿电源。

波浪发电离大规模应用还有一段距离。波浪能很不稳定,只能与其他能源互补,才能保证用户使用。

## 波浪能与海流发电

即使在晴朗无风的日子里,海面也是动荡不定的,波浪不停地拍打着海岸。波浪是由风吹海水而引起的。波浪能主要是由风的作用引起的海水沿水平方向周期性运动而产生的能量。波浪能是巨大的,一个巨浪就可以把13吨重的岩石抛出20米高。一个波高5米、波长100米的海浪,在一米长的波峰片上就具有3,120千瓦的能量,由此可以想象整个海洋的波浪

所具有的能量该是多么惊人。波浪能发电是利用波浪的推动力,使波浪转化为推动空气流动的压力来推动空气涡轮机叶片旋转而带动发电机发电。波浪发电设计方案最多,但是因为波浪能源分散,本身破坏力大,开发技术到现在为止还不成熟。据计算,全球海洋的波浪能达700亿千瓦,可供开发利用的为20亿～30亿千瓦,每年发电量可达9万亿度。

我国对波浪能的研究始于20世纪70年代,在1975年曾研制成一台1千瓦的波力发电浮标。80年代以来该项研究获得较快发展,我国成功研制航标灯用波能发电装置,并根据不同航标灯的要求,开发了一系列产品,与日本合作研制的后弯管型浮标发电装置,已向国外出口,该技术属国际领先水平。1989年,我国第一座波力电站在南海大万山岛建成,装机容量3千瓦。2000年,我国首座岸式波力发电工业示范电站——广东汕尾100千瓦岸式波力发电站建成,标志着我国海洋波力发电技术已达到实用化水平

和推广应用的条件。

我国波力发电虽起步较晚，但发展很快。微型波力发电技术已成熟，小型岸式波力发电技术进入世界先进行列，但我国波浪能开发的规模远小于挪威和英国。

大洋中的海水从来都不是静止不动的，它像陆地上的河流那样，长年累月沿着比较固定的路线流动着，这就是"海流"。不过，河流两岸是陆地，而海流两岸仍是海水，在一般情况下，用肉眼是很难看出来的。世界上最大的海流，有几百公里宽、上千公里长、数百米深。大洋中的海流规模非常大。由于海流遍布大洋，纵横交错，川流不息，所以它们蕴藏的能量也是可观的。例如世界上最大的暖流——墨西哥洋流，在流经北欧时为1厘米长的海岸线上提供的热量大约相当于燃烧600吨煤的热量。据估算世界上可利用的海流能约为0.5亿千瓦，而且利用海流发电并不复杂，受到许多国家的重视。

1973年，美国试验了一种名为"科里奥利斯"的巨型海流发电装置。该装置为管道式水轮发电机，机组长110米，管道口直径170米，安装在海面下30米处。在海流流速为2.3米/秒条件下，该装置获得8.3万千瓦的功率。日本、加拿大也在大力研究试验海流发电技术。我国的海流发电研究也有样机进入中间试验阶段。

20世纪90年代以来，我国开始计划建造海流能示范应用电站，在"八五"、"九五"科技攻关中均对海流能进行连续支持。目前，哈尔滨工程大学正在研建75千瓦的潮流电站。意大利与中国合作在舟山地区开展了联合海流能资源调查，计划开发140千瓦的示范电站。因此要海流做出贡献还是有利可图的事业，当然也是冒险的事业。

# 海洋风能发电

海上的风能发电站

2007年10月，中国海洋石油总公司在渤海湾的风能发电站安装完毕，这也是中国第一个海上的风能发电站。这个风能发电站装机容量1,500千瓦，在渤海湾距离陆地60多千米的海上。风能是指风所负载的能量，风能的大小决定于风速和空气的密度，当风速达到3米/秒以上就能带动发电机运转，产生稳定的电能。风能是可再生能源中发展最快的清洁能源,也是最具有大规模开发和商业化发展前景的发电方式,从中国2,000多年前的帆船到荷兰风车,都是人类利用风能的开端,也是风电技术发展的前奏。我国早在20世纪80年代就大力倡导开发风能,并开始实现风能并网发电。

由于风力资源和气候关系密切,因此我国风能资源丰富和较丰富的地区主要分布在"三北地区",沿海及岛屿,特别是东南沿海。我国东南沿海的海岸向内陆丘陵连绵,风能丰富地区在海岸50千米内,都是风能资源最佳地区。沿海每年夏秋季节受到热带气旋影响而引起台风登陆,是利用风力发电的机会。目前我国风电装机总量只占全国发电装机总量的0.2%。我国陆地可开发利用的风能资源为2.53亿千瓦,主要分布在东南沿海及岛屿、新疆、甘肃、内蒙古和东北等地区。此外,我国海上风能也很丰富,初

步估算是陆地风能资源的3倍左右,可开发利用的资源总量为7.5亿千瓦。截止2004年底,我国累计安装风电机组1292台,共有43个风电场,累计装机容量已经达到76.4万千瓦。

## 海洋盐差与温差能发电

在江河入海口,淡水与海水之间还存在着鲜为人知的盐度差能。盐差能是指海水和淡水之间或两种含盐浓度不同的海水之间的化学电位差能,主要存在于河海交接处。盐差能是海洋能中能量密度最大的一种可再生能源,通常,海水(具有盐度)和河水之间的化学电位差有相当于240米水头差的能量密度。这种位差可以利用半渗透膜(水能通过,盐不能通过)在盐水和淡水交接处实现。利用这一水位差就可以直接由水轮发电机发电。

我国海域辽阔,海岸线漫长,入海

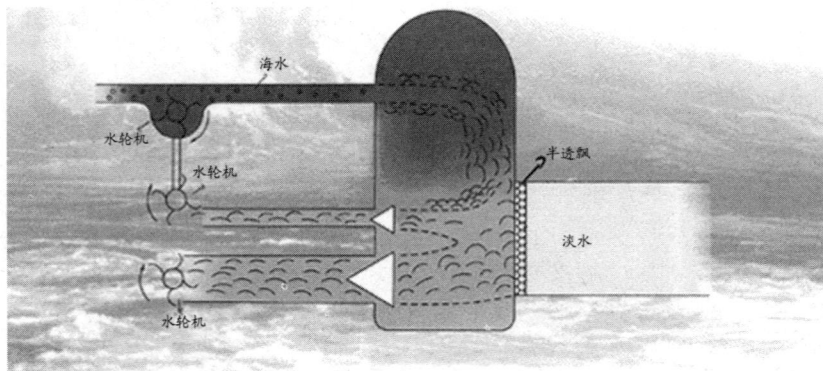

海洋盐差发电原理图

的江河众多,入海的径流量巨大,在沿岸各江河入海口附近蕴藏着丰富的盐差能资源。据统计,我国沿岸全部江河多年平均入海径流量约为 $1.7 \times 10^{12} \sim 1.8 \times 10^{12}$ 立方米,各主要江河的年入海径流量约为 $1.5 \times 10^{12} \sim 1.6 \times 10^{12}$ 立方米。据计算,我国沿岸盐差能资源蕴藏量为 $3.9 \times 10^{15}$ 千焦,理论功率约为 $1.25 \times 10^{8}$ 千瓦。然而由于地理分布不均、资源量有明显季节变化和年际变化以及部分地区存在冰封期的特点,我国对于海水盐差能发电研究尚处于基础研究阶段。

海洋是一个太阳辐射热能的巨大收集器和储存器。它的表层水温度可达 20℃～30℃,而深层海水的温度则接近零摄氏度。科学家设想,用表层海水加热沸点很低的液体,如液氨,利用液氨产生的蒸气来驱动涡轮发电机进行发电,并用海底电缆把电输送到需要的地方。同时,又用从深海抽上来的低温海水冷却氨蒸气,使它还原为液态。如此循环反复利用海水的温差,就可以持续发电。这种发电原理就是海洋温差能发电。海洋温差能发电方法的优点是不受天气影响,输出功率稳定。它在热带和亚热带海区最为适用。据有关专家研究论证认为,利用海水温差建立输出功率为 10 万千瓦的发电厂是可能的。

首次提出利用海水温差发电设想的是法国物理学家阿松瓦尔,1926年,阿松瓦尔的学生克劳德试验成功海水温差发电。1930 年,克劳德在古巴海滨建造了世界上第一座海水温差发电站,获得了 10 千瓦的功率。1979年,美国在夏威夷的一艘海军驳船上安装了一座海水温差发电试验台,发电功率 53.6 千瓦。1981 年,日本在南太平洋的瑙鲁岛建成了一座 100 千瓦的海水温差发电装置,1990 年又在鹿儿岛建起了一座兆瓦级的同类电站。

利用海水温差发电,对于开发海洋资源具有重大意义,如它可以为开采海底石油和多金属结核等的设备提供电力,并可以将海底开采上来的矿物就地冶炼,省去运输上的很多麻烦。

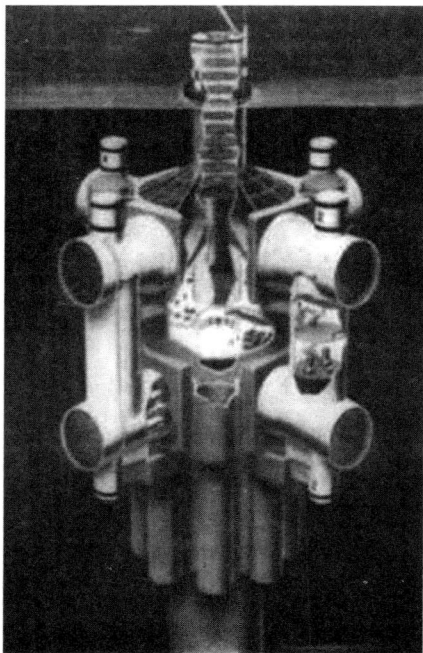
巨大的海水温差发电装置

可见,利用海水温差发电的科学探索,为人类向海洋索取能源展示了美好的前景。

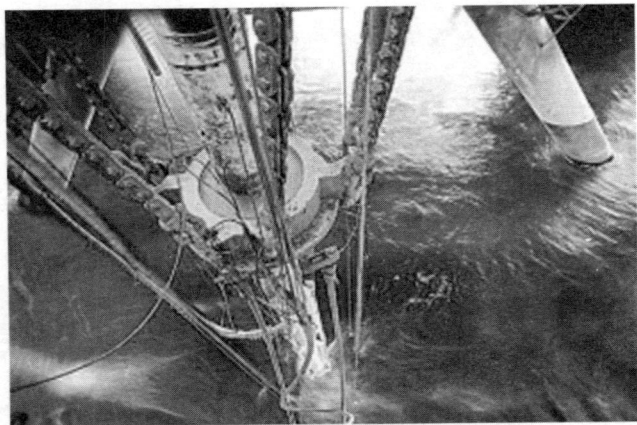

利用海水温差发电

## 夏威夷的试验

在夏威夷岛冒纳罗亚火山脚下的海岸上建有一座独特的工厂,就是海水温差试验电站。在热带海洋里,海面的海水温度在 25℃ 以上,而在 1,000 米深处,海水温度只有 5℃,有 20℃ 以上的温差。25℃ 远不能使常压的水沸腾。可是用冰箱里制冷的工质氨或氟利昂当工质,密闭循环使用,这些气体的沸点很低,25℃ 已可气化,5℃ 时能凝结成液体,这样就能利用海洋表面与深处海水的温差发电了。从海洋表面和深处分别用水管抽取热水和冷水,在热交换器里与工质进行热量的交换,即用海面比较热的水使工质气化,用海底比较冷的水使工质冷凝,气化的工质就能推动低压涡轮机发电了。这座试验电站能发出 100 千瓦的电,但它自己抽水用了所发出电量的一大半,实际送出的电并不多。日本在太平洋岛国瑙鲁也建立了一座海水温差电站,也是 100 千瓦,供给缺乏能源资源的瑙鲁电力。另外还有一种开式系统,不用低沸点液体当工质,而用海水本身当工质,抽真空使海水在 25℃ 左右沸腾,推动涡轮机发电,再用冷水使水汽冷凝。有人预言,因为温差能稳定而且能量非常大,所以温差发电站的潜力很大,将来会成为最先使用的海洋能发电产业。可是目前成本还太高,它本身消耗的电能相当多,只有综合利用,用抽上来的海底富营养冷水在热带养冷水鱼、灌溉温带作物才有一定的经济意义。我国台湾东岸花莲县太平洋边的大陡壁是很理想的海水温差发电站站址,西沙、南沙群岛也有不少好的海水温差发电站站址。

此外,国内外都研制了类似水田灌溉用的水车的水轮机,有些是立式的,有些是卧式的,用以转换潮流能为电能。潮流能是有规律的能源,比较容易开发。当然湍急的潮流也给潮流发电设备的锚泊带来很大困难。

至于盐差能的利用,目前还处在纸上谈兵的阶段,只有人在实验室里做了一些模拟试验。

虽然海洋能的利用还处在开始阶段,开发的规模很小,技术还不成熟,成本相当高,除了潮汐能发电外,都不够可靠,可是海洋能是大自然给予人类的永久的巨大宝库,是取之不尽的绿色能源,所以海洋能开发必定会在将来有较大的突破,是未来海洋产业。

# 唤醒沉睡在海底的宝藏

## 用人工地震听诊

国外海洋产业中独占鳌头的是海洋石油和天然气的勘探开采,20 世纪 90 年代初这门新兴海洋产业的产值占海洋产业总产值的一半。而我国的海洋油气开发的产值才占海洋产业总产值的 5%。

海上石油开采平台

海洋石油、天然气沉睡在海底地层里亿万年,把它唤醒,将给人类带来能量,带来社会、经济发展的动力。

2007 年 1 月 1 日,世界石油探明储量 1804.7 亿吨,天然气探明储量 175 万亿立方米,石油年产量 36.24 亿吨。发达国家发电靠石油,开动汽车靠石油,人们不能设想如果没有石油怎么办。这种危机感推动着海洋油气开采技术的飞速发展。科学家和工程师克服巨大的困难去征服海洋,由浅海到深海,由海湾潟湖到开阔的大洋,从浅地层到深地层,由近及远,终于在 30 多年内建立起一个庞大的高新技术密集的海洋油气开发产业。海湾(波斯湾)国家沙特阿拉伯等靠海上

海上石油开采

石油致富；文莱靠海上石油一下子从一个落后的国家变成东南亚最富的国家；北海的石油给岩石嶙峋的挪威和经济已没有活力的英国输了血；我国从20世纪60年代开始在渤海开采海底石油，可是由于资金不足及没有掌握先进技术等原因，发展不快。改革开放以后，引进外国资金、先进技术和先进的管理方法，才迎头赶上。2005年我国海洋原油产量3,175万吨，预计到2010年我国海洋原油产量将超过5,000万吨。

医生给人检查身体，要用听诊器在人体某些部位倾听，从呼吸、心跳的声音判断这个人是不是健康，哪个地方出了毛病。油气储藏在海底地层里，有些地方地层之间有缝隙，而缝隙下面的地层比较紧密，油渗不下去，油气就在缝隙里聚集。有些地方地层之间有比较松的沙层，地底下有很大的压力，油气在压力的作用下会聚在沙层里。有些地方碰巧这种含油气地层有露头，油气从海底通过海水冒出海面，从这种显示可以知道海底下有油气。但是，这种机会很难遇到。一般情况下，油气宝藏并没有任何迹象可寻。这时，就得学习医生，给地球听诊。

地球上发生地震时，地震波从震源发出来，向远处传播，地震观测者从埋在地下的地震仪上记录的地震波可以判断出在什么地方发生了多少级的地震。地震仪上记录的波形还可以说明地震波在传播过程中碰到过什么样的地层变化。地震波和声波一样，也是一种振动波，但是频率十分低。它通过均匀的地层时，方向不变，只是一路上有些损失，越来越弱。低频的地震波在地层里传播时衰减很慢，可以传播相当远，如果遇到两种性质不同的地层之间的界面，就有一部分波被反射或散射了，方向也会改变。用这个原理，从地震波带来的信息可以探出地层的结构。地震不是天天都有，而且往往不在人们需要探查的地方发生。人们只能人工制造地震，这样，震源的位置可以选择，就能随心所欲地研究地层结构了。

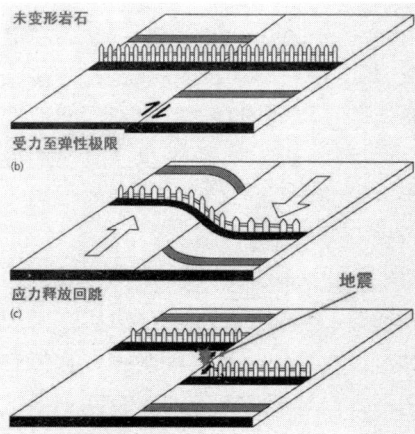

海底地震示意图

地震是在地层里发生的，人们不能钻到海底地层里去诱发地震。产生人工地震时，从海面上的地球物理勘探船上投下炸弹，使它在一定的深度爆炸，爆炸波传到海底表面，一部分透到地层中去,激起地层震动,这就是人工制造地震的办法。炸弹不容易控制,还有一定的危险性,于是设计了爆炸声源。这种地震源有许多种,最简单的是模仿雷电,制造两个电极,用高电压在极间放电,产生很强的电火花,同时产生爆炸波。让压缩空气或者燃烧产生的高压气体突然释放出来,推动活塞,或者使它穿过小孔以后突然膨胀,也能产生爆炸波,这种设备叫做气枪。很强的爆炸波遇到海底地层的交界面就分为两部分,一部分被反射回来,另一部分继续前进,但是折射了一个角度,到了下一个交界面再反射,这些从各个界面反射回来的波经过地层重新回到海水中,依次传到海面附近。在勘探船的尾部拖着的漂浮电缆,其实是一串接收换能器,各个接收换能器在不同的时刻接收到不同地层界面反射、折射回来的波。把这些成百上千的接收换能器接收到的信号集中到勘探船上的记录器和计算机中,每个地层界面都在记录图中反映成一条线,一目了然。地质专家从记录图就可以判断出有没有油气田。在海底表面上设计好的地方布上自动记录的地震仪,这些地震仪可在不同时间从不同方向记录人工地震所产生的地震波。要想准确地探测,一根漂浮电缆不够,一个地震源也不够,可以用多个地震源顺序引爆,船后拖曳几根漂浮电缆。这样,接收到的信息可以通过计算机运算后画出立体的图像,工作

效率也提高了。对于复杂的地质结构,只看一个平面,不能确认地层结构和油气资源,可能把油田漏掉,从立体图上看就万无一失了。经验丰富的专家也难免发生错误或疏忽,于是人们把专家判断地层的集体智慧和经验输进计算机,研制出"专家系统",用它来解释地震记录,既节省人力,又可以避免错误。

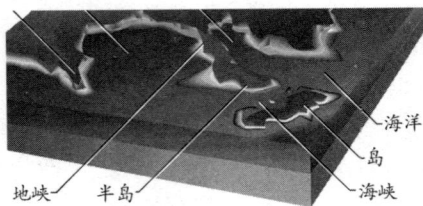

海底地层示意图

我们在前面介绍过地层剖面仪,可以用声波从垂直方向,也就是从上方探查地层构造,船向前航行,记录出来的就是航线以下的地层情况。用地层剖面仪探查的地层深度比用地震法浅得多,因此也细致一些。

根据地球物理勘探船上记录下来的地震波形图就断定海底有没有石油还过于武断,再说也没有办法精确计算储量。但是有了这种客观的知识,就可以选择最有希望的站位打探井了。选择探井位置是一件风险很大、需要深思熟虑的事,如果考虑不周,选错地方,几千万元的投资就白白没了。打探井时用旋转的钻头引导空心的钻杆向地层钻进,从空心钻杆中取出岩芯。在实验室里用化学方法化验岩芯

的成分,用电子显微镜观察它的结构,可以从中分析出结果。现代化的钻井里有力学的、电磁的和声学的传感器,可同时把井里的情况测量出来,传到井上,包括地层分界、各地层的力学性质和电磁学性质、地下的压力和温度等。探井里的压力高达 10 兆帕以上,温度高达 100℃ 以上,对测量用的传感器提出很高的要求。把井由自动测得的结果与从岩芯分析得到的结果结合起来研究,就可以得到这口探井的位置有没有油,有多少油,开采时应该怎样设计油井等必要的知识了。

## 海底矿山

在陆地资源日趋枯竭的今天,人类开发海洋的欲念更加强烈,走进深海大洋的步伐更加坚定。那么深海大洋究竟有哪些资源呢?海洋的资源究竟有多少?据有关资料显示,海洋中

锆英石

有镁 1,800 万亿吨,钾 500 万亿吨,锰 4,000 亿吨,镍 164 亿吨,锌 140 亿吨,铜 41.6 亿吨,钴 58 亿吨,钒 26.8 亿吨,银 5 亿吨,铯 6 亿吨,铷 1,900 亿吨……

我们尚无法断定这些数字的准确性,但是我们可以断言:海洋是世界上最富有的矿山。

与陆地相比,海洋资源惊人的丰富。浩瀚的大海中,蕴藏着许多种元素,诸如金、镁、铝、钾、钙、锶、溴、硫、铜、锡、钨等,应有尽有。海洋的锰资源是陆地的 68 倍,镍资源是陆地的 274 倍,海洋钴矿是陆地的 967 倍,海洋铜矿是陆地的 22 倍。更为惊人的是,海底的铀竟是陆地的 2,000 倍,是一个巨大的原子能库呢。按目前世界的工业消耗量计算,仅太平洋锰结核中的金属钴就可供全世界使用 30 万年,其中的镍和锰可供全世界使用 2 万年,其中的铜可以使用 900 多年。

此外,海底的多金属结核有 3 万亿吨,石油 2,800 亿吨,天然气 140 亿立方米。海滨沉积物中也有许多贵重矿物,如:含有发射火箭用的固体燃料钛的金红石,含有火箭、飞机外壳用的铌和反应堆及微电路用的钽的独居石,含有核潜艇和核反应堆用的耐高温和耐腐蚀的锆铁矿、锆英石,某些海区还有黄金、白金和银等。我国近海

铬尖晶石

海域也分布有金、锆英石、钛铁矿、独居石、铬尖晶石等经济价值极高的砂矿。遗憾的是,时至今日,人类还只能从海水中提取极少量的元素,还有很多种元素,人类只能望洋兴叹。不过,随着人类向海洋探宝进军步伐的加速,这些海底宝藏终将服务于人类。

## 水下黄金知多少

海里有黄金吗?回答是肯定的,海中不仅有黄金,而且很多。据海洋科学家的研究报道,大海拥有 13.7 亿立方千米的水,与高出水平面的陆地体积相比,竟然高达 18 倍!也就是说,如果把地球上露出海平面以上的陆地全部砍掉,并把它们填到大海中,也只能填满海洋水体的十八分之一。

平均每一吨海水中含有 0.02～0.06 毫克的黄金。尽管海水中黄金的含量不高,但海水的体积很大,整个海洋中的黄金储量还是多得惊人,估计约有 600 万吨。

有位德国科学家花了几十年的时间,反反复复地进行从海水里提取黄金的试验,几十年后,他伤心地承认,他失败了。不是因为大海里没有黄金,而是因为提取海洋黄金的成本太高了,他不得不放弃他的研究和梦想。相信随着科学的进步,海洋里的黄金总有一天会成为人类的财富。

## 深海锰结核

锰结核

锰结核是一种多金属结核,它含有锰、铁、镍、钴和铜等几十种元素。锰结核也称为多金属结核或锰矿球。锰结核遍布在世界各个海域,据估计,全球锰结核半数以上在太平洋的洋底,约 17,000 亿吨。太平洋 3,000～6,000 米水深的海底表面是世界最大的锰结核基地。我国已在太平洋海底调查 200 多万平方千米的面积,其中有 30 多万平方千米为有开采价值的远景矿区,联合国已批准其中 15 万平方千米的区域分配给我国作为开采区。还有一种矿藏，名叫富钴锰结核，它储藏在3,000~4,000米深的海底，比锰结核容易开采，美国、日本等国已为此设计了一些开采系统。

科学家正在对锰结核矿进行勘探

由于锰结核内含的各种物质是现代工业所急需的原料，为此开采海底锰结核迫在眉睫。美国的锰矿全靠进口，所以对锰结核的开发最为重视。目前美国在大洋锰结核开发技术方面处于领先地位。

追溯锰结核发现的历史，应该从100多年前的一次海洋调查谈起。1873年2月18日，正在做全球海洋考察的英国调查船"挑战者"号，在非洲西北加那利群岛的外洋海底，采上来一些土豆大小深褐色的物体。经初步化验分析，这种沉甸甸的团块是由锰、铁、镍、铜和钴等多金属化合物组成的，而其中氧化锰最多。剖开来看，发现这种团块是以岩石碎屑，动物、植物残骸的细小颗粒及鲨鱼牙齿等为核心，呈同心圆一层一层长成的，像一块切开的洋葱头。由此，这种团块被命名为"锰结核"。锰结核的大小尺寸变化也比较悬殊，从几微米到几十厘米的都有，重量最大的有几十千克。

锰结核不仅储量巨大，而且还会不断地生长。生长速度因时因地而异，平均每千年长1毫米。以此计算，全球锰结核每年增长1,000万吨。锰结核堪称"取之不尽，用之不竭"的可再生多金属矿物资源。在陆地资源日趋枯竭的今天，海底锰结核的存在实在令人类振奋不已。

## 锰结核的成因

锰结核资源来自全宇宙，来自天上，来自海底，来自大陆。宇宙每年要

水下5,000米洋底的锰结核

向地球降落 2,000～5,000 吨宇宙尘埃。宇宙尘埃中含有许多金属元素，分解后部分进入海水；大陆或岛屿的岩石风化后也能释放出铁、锰等元素，其中一部分被海流带到大洋沉淀；当火山岩浆喷发，产生的大量气体与海水相互作用时，从熔岩中搬走一定量的铁、锰，使海水中锰、铁越来越多；海洋浮游生物体内富集微量金属，它们死亡后，尸体分解，金属元素也会进入海水。当这些金属元素沉积海底后，在海水巨大的压力作用下，带极性的分子在电子引力作用下彼此吸附，并与海底火山喷出的物质和海底的鱼类残骸相结合，经过漫长的历史演变而形成锰结核。

## 锰结核的开发

20 世纪初，美国海洋调查船"信天翁"号在太平洋东部的许多地方采到了锰结核，并且得出初步的估计，认为太平洋底存在锰结核的地方，其面积比整个美国都大。尽管如此，当时这个消息并没有引起人们多大的重视。

斗转星移，半个多世纪后，1959年，美国科学家约翰·梅罗发表了有关锰结核商业性开发可行性的研究报告，锰结核巨大的商业利益引起了许多国家政府和冶金公司的关注。此后，海洋锰结核资源的调查、勘探才大规模展开，开采、冶炼技术的研究试验也得以迅速推进。在这方面，投资力

度逐年增加，取得显著成绩的有美国、英国、法国、德国、日本、俄罗斯、印度及中国等。到 20 世纪 80 年代，全世界已涌现了 100 多家从事锰结核勘探开发的公司，并且成立了 8 个跨国集团公司。

锰结核开采方法有许多种，比较成功的方法有链斗式、水力升举式和空气升举式等。

链斗式采掘机就像旧式农用水车那样，利用绞车带动挂有许多戽斗的绳链，不断地把海底锰结核采到工作船上来。

开采锰结核

水力升举式海底采矿机械，是通过输矿管道，利用水力把锰结核连泥带水地从海底吸上来。

空气升举式同水力升举式原理一样，只是直接用高压空气连泥带水地把锰结核吸到采矿工作船上来。

20 世纪 80 年代，美国、日本、德国等国矿产企业组成跨国公司，使用这些机械，取得日产锰结核 300～500吨的开采成绩。在冶炼技术方面，美国、法国和德国等也都建成了日处理

锰结核 80 吨以上的试验工厂。总之，锰结核的开采、冶炼，在技术上已不成问题，一旦经济上有利可图，新的产业便会应运而生，进入规模生产。

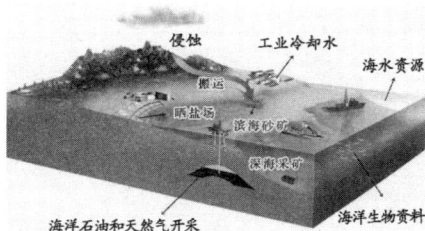
海洋矿产资源开采示意图

我国从 20 世纪 70 年代中期开始进行大洋锰结核调查。1978 年，"向阳红 05"号海洋调查船在太平洋4,000 米水深的海底首次捞获锰结核。此后，从事大洋锰结核勘探的中国海洋调查船还有"向阳红 16"号、"向阳红 09"号、"海洋 04"号、"大洋 1"号等。经多年调查勘探，我国在夏威夷西南，处于北纬7°～13°，西经 138°～157°的太平洋中部海区，探明一块可采储量为 20 亿吨的富矿区。为了维护我国在国际海底的权益，我国积极参与国际海底及其资源的开发利用与保护。自 1991 年以来，在中国大洋矿产资源研究开发协会的组织下，我国先后组织了 16 次远洋考察，在太平洋国际海底圈定了 7.5 万平方千米的多金属结核矿区，并与国际海底管理局签订了合同，争得了一块属于中国的金属结核矿区，使它成为中国在太平洋中的

一块宝贵资源。中国继印度、法国、日本、俄罗斯之后，成为第 5 个注册登记的大洋锰结核采矿"先驱投资者"。中国大洋矿产资源研究开发协会也由此成为我国远洋考察与开发研究的主力军。

日本是一个陆地资源极其贫乏的国家，自然对海底锰结核兴趣极大，他们对海底锰结核开发做了多年的研究与调查工作，1970 年在太平洋塔希提岛附近3,700 米水深的洋底试开采成功。1974 年以来，日本以国际贸易部为首的数家企业公司组成深海矿物资源开发协会，负责主持有关锰结核的开发和利用。日本由通产省主持大洋的矿藏资源开发，投资 2 万亿日元，于1989 年研制成功了锰结核液压式开采设备。日本有近 50 家公司联合进行大洋矿产资源的勘查，其投入之高，堪称世界第一。此外，前苏联曾借助两艘5,000多吨的调查船"勇士"号及"门捷列夫"号，进行过海上调查研究。法国和德国对锰结核的开发也投入了一定的财力和人力。

## 海底"可燃冰"

冰是透明的水冻结而成的，很常见。然而世界上还有一种冰，人们对它所知甚少，它就是"可燃冰"。可燃冰还有另一个名字，叫做"天然气水合物"。

可燃冰的发现早在20世纪30年代

"可燃冰"三个字道破了它的用途——可以燃烧,它是继煤、石油和天然气后,人类发现的又一种新型的能源。就外表而言,它酷似冰,是一种透明的结晶。中国科学院汪品先院士曾在接受《科技日报》记者的采访时介绍,可燃冰的发现早在20世纪30年代。当年,人们发现天然气输气管道内形成白色冰状固体填积物,这种天然气水合物给天然气输送带来很大麻烦,石油地质学家和化学家便对如何消除这种天然气水合物进行了研究。20世纪60年代前,前苏联在开发麦

索亚哈气田时,在地层中也发现了这种气体水合物,这时人们才开始把气体水合物作为一种燃料能源来研究。此后不久,西伯利亚、北斯洛普、墨西哥湾、日本海和印度湾等地方相继发现了天然气水合物。人们意识到,天然气水合物是一种全球分布的潜在能源,于是掀起了20世纪70年代以来的天然气水合物研究热潮。这种天然气水合物就是可燃冰。

可燃冰的形成有三个条件,首先是温度不能太高;第二是压力要够,但不需太大,0℃时,30个大气压以上就可能生成;第三是要有气源。据估计,陆地上20.7%和大洋底90%的地区具有形成可燃冰的有利条件。绝大部分的可燃冰分布在海洋里,其资源量是陆地上的100倍以上。可燃冰中的甲烷大多数是当地生物活动而产生的。海底的有机物沉淀经历了漫长的时间后,死的鱼虾、藻类体内都含有

碳,经过生物转化,可形成充足的甲烷气源。另外,海底的地层是多孔介质,在温度、压力和气源三项条件都满足的情况下,会在介质的空隙中生成甲烷水合物的晶体。

可燃冰的主要成分是甲烷和水。甲烷是一种无色、无味的

可燃气体。它的形成与海底石油、天然气的形成过程相仿，而且密切相关。埋于海底地层深处的大量有机质处于缺氧环境中，厌气性细菌把有机质分解，最后形成石油和天然气(石油气)。其中许多天然气又被包进水分子中，和水在温度 2℃～5℃ 内结晶，在海底的低温与压力下形成可燃冰。

在不同的海域，环境条件各异，因此，可燃冰存储的水深也各不相同。在赤道海区，可燃冰存储在 400～650 米水深的海域，但在南、北两极，可燃冰存储在 100～250 米海深的沉积岩中。显而易见，这是极区与赤道的水温条件不同所致。

可燃冰极易燃烧，燃烧产生的能量比煤、石油、天然气产生的都多得多，而且燃烧以后几乎不产生任何残渣或废弃物。不难想象，当人们解决了可燃冰的开发技术后，可燃冰就可以取代其他日益减少的化工能源(如石油、煤、天然气等)，成为一种主要的能源。我国海洋开发方面的研究人员已经开始关注可燃冰，有的已开始对这一能源进行研究。然而，可燃冰的开采谈何容易，时至今日，石油天然气的开发技术已经比较成熟，而可燃冰的开发还有许多问题有待解决。如果将可燃冰从深海简单地提升，那么在升出海水的过程中，随着水深变浅，水的压力降低，水的温度升高，可燃冰会融化，可燃冰中的甲烷会释放出来，而可燃冰中的甲烷含量要超过自身体积的 100 多倍，有可能引起可燃冰灾害，还可能造成温室效应，影响大气温度。然而无论遇到多大的困难，人类总是会向可燃冰的藏身之地进军，并终将解决开采可燃冰的技术问题。

## 举世关注可燃冰

据估计，全球可燃冰的储量是现有石油天然气储量的两倍。目前，在世界各大洋中已经查明的可燃冰存储区已有 60 多处。据测算，仅在我国的南海，可燃冰资源量就达相当 700 亿吨石油，约相当于我国目前陆上油气资源量总数的二分之一。在世界油气资源逐渐枯竭的情况下，可燃冰的出现燃起了人类对新能源的无限渴望。美国、俄罗斯、日本甚至还有印度都先后投巨资对可燃冰进行研究。美国总统科学技术委员会专门提出建议研究开发可燃冰，参议院、众议院有上千人提出议案，支持可燃冰的开发研究。目前美国每年用于可燃冰研究的财政拨款达上千万美元。

## "黑烟囱"之谜

1977 年 10 月，美国伍兹霍尔海洋研究所所属的深海潜水器"阿尔文"号在加拉帕戈斯群岛海域率先发现海底热泉生态区。这个海底热泉生态区位于东太平洋，水深 2,500 米。这里也是地球上地壳最薄的地方。热泉生态区热液的喷出速度高达每秒数米。热液喷出后，遇到了冷的海水而迅速降温，所带出的矿物质结晶而形成筒状，由于含硫化物较多而呈黑色，高度可达 10 米，如同黑烟囱耸立于洋底。这些黑烟囱迅速生长，又很快倒下，形成一片金属硫化物矿床。

后来，海洋学家又先后在墨西哥西部沿海以北的北纬 10°海底和北纬 21°的胡安·德富卡发现了海底中耸立着许多黑色的"烟囱"，并为此取名"黑烟囱"。海洋地质学家仔细研究了洋底热液喷出口，他们发现，这些喷出口实际上是洋底的间歇喷泉。炽热的

黑烟囱

热泉从洋底裂缝里流出来,虽然温度很高,但不会沸腾,这是因为在2,000多米水深的海底,其压力相当于200多个大气压,如此高的压力下,热液是不会沸腾的。热液喷出后很快冷却,热液中含有的大量矿物质,包括锌、铜、铁、硫黄混合物和硅等,散落在海床上,越积越厚,最后形成烟囱状的山峰。这种人间罕见的奇异景观引起了科学家们极大的兴趣。

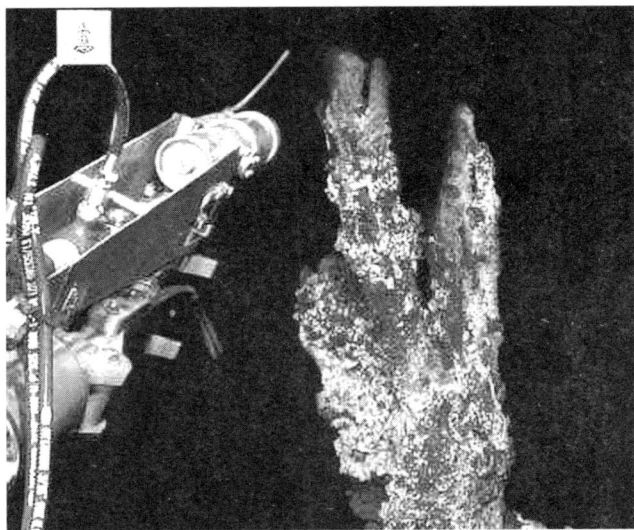

"黑烟囱"含有大量金属硫化物

科学家以距西雅图以西480千米太平洋海底的"黑烟囱"为例,对"黑烟囱"的成因进一步作了解释。科学家们认为,由于胡安·德富卡板块不断地与太平洋板块碰撞,令海底地层出现裂缝,继而产生了裂缝扩张,于是地球内部的热液喷涌而出,这些热液冷却后又形成了新的海底地壳。海水在

地心引力作用下倾泻而出深入地裂中,同时形成海底环流将熔岩中大量的热能和矿物质携带和释放出来。当从地裂中涌出的炽热的海水再度遇上冰冷的海水中时,便形成了一缕缕漆黑的烟雾。矿物质遇冷收缩,最终沉积成烟囱状堆积物,这就是海底"黑烟囱"的成因。

"黑烟囱"含有大量金属硫化物,在已发现的30多处矿床中,仅属于美国的加拉帕戈斯裂谷中的硫化物的储量就达2,500万吨,其开采价值达39亿美元。从多处海底热泉采样分析来看,这些硫化物含有的矿物元素种类繁多且品位极高。发生这种热液喷出现象海域的平均深度为2,225米。热液矿藏又称为海底金属泥。海底热液矿藏中含有大量金属的硫化物,这些发现引起了世界各国的关注,而红海的重金属泥则是迄今世界上已发现的最有经济价值的热液沉积矿床。

多金属硫化物矿床是数千年来在海底热泉附近积聚而成的。海底热液位于海底活火山山脉各处,而这些火山山脉蔓延全球所有的海洋盆地。多

金属硫化物矿床还在与火山列岛毗连的地点形成,例如太平洋西部边界沿线的列岛。

另一类新发现的海洋矿物资源是富钴结壳。这种矿壳沉积于水下死火山侧面,历时数百万年才形成,其矿物质来自海水中熔化的金属,而这些金属则是由海水和海底热泉提供的。

热泉使金属硫化物沉积集中,同时又使各种金属散布海洋,促进了富钴结壳的积聚。

## "黑烟囱"与生命起源

自古以来,人类曾千百次地问自己,我们来自何方?最早,人们认为生命是神创造的奇迹,甚至有些人认为生命是从岩石缝中钻出来或来自其他的天体。

前苏联科学家奥巴林提出了生命起源之说。奥巴林认为,生命来自海洋。生命首先从无机物开始,继而变成简单的有机物,再从简单的有机物变成更为复杂的有机物。海洋中有水、氢和氨等,它们相互作用形成了醇类、简单的糖类和氨基酸等物质,这是一个从无机物变成有机物的过程。后来又形成了氨基酸联结起来的蛋白质和淀粉等大分子的碳水化合物,继而,这些有机化合物的水滴从周围分离出来,再不断地从周围汲取各种物质,使这些水滴的内部逐步复杂化,而且逐步变大,大到一定程度再分裂增多,从而一步步进化为生命。总之,奥巴林的学说有三点是值得人们注意的:第一是生命来自海洋;第二是生命是从非生命的无机物逐步演变成有机物,

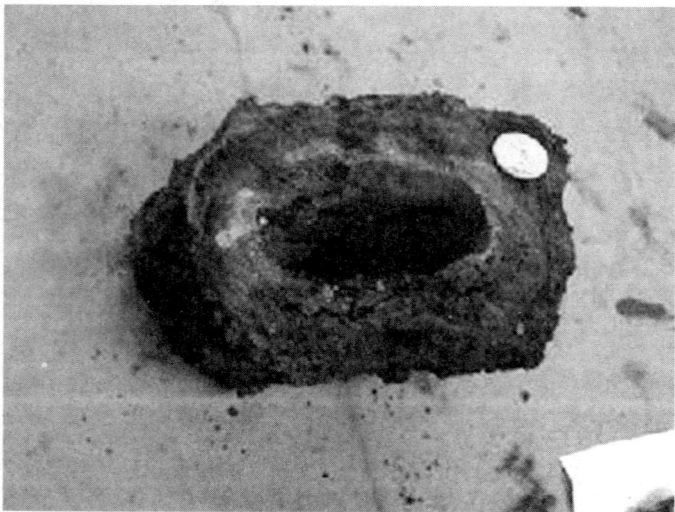

黑烟囱是海底热喷口

进而成为更复杂的有机物;第三是生命的出现和演变经历了几十亿年漫长的历程。

确切地说,生命源自海洋中的无机物,而且唯有在海洋的环境条件下,生命才能形成。现在大多数科学家依然确信生命源自海洋,大海是人类生命真正的故乡。为此,研究海洋中的无机物对确认生命的起源意义重大。

美国影片《泰坦尼克号》向人类复现了一次举世闻名的大海难。影片生动地再现了冰海沉船的悲壮景象,同时描述了一对恋人动人的爱情故事,这部影片的导演就是詹姆斯·卡梅隆。

不久前,詹姆斯·卡梅隆突发奇想,要乘深潜器进入海底拍摄千古奇观,探索生命的起源。卡梅隆一行对海底"黑烟囱"进行了深入的调查,发现黑烟是海底火山喷射出来的。卡梅隆等人认为,要探索人类生命的起源,就必须从这些物质开始。卡梅隆将其深海所见拍摄成一部纪录片。我们期待着卡梅隆等人的研究结果,也许人类可以在海底找到生命起源的奥秘,彻底地解开生命起源之谜。

黑暗生物圈的发现令世人震惊,

人们不禁要问,那里根本没有阳光,它们又是怎么生存的?原来,这些生物与陆地上靠光合作用形成的生物相

海底黑烟囱

反,陆地上光合成的生物是从阳光中获得生存能量的,而黑暗生物圈的生物是从化学物质中获得生存能量的。热泉提供了来自地球内部的化学能量,生物就可以借助这些能量生长。世界上确有大量的生物在没有阳光的世界里繁衍生息,它们不是靠光合作用,而是靠化学合成。这种新的观点令人们对生命的认识发生了革命。詹

姆斯·卡梅隆在他的纪录片《深海异类》中说："这种聚会在下面的黑暗中已进行了几十亿年，与我们毫无关系，即使太阳明天消失，它们也不在意。"

也许人们还会问，海底火山旁的喷口和裂缝处的热液中含有大量的硫化氢，陆地上的大多数生物如果吸入硫化氢必将中毒身亡，那么那些海底生物为什么不会中毒呢？这个问题经过一些海洋生物学家的研究发现，那些海底生物与陆地生物不同，它们的体内具有一些特殊的结构和代谢形式，足以消除硫化氢的毒性。

研究海底热泉附近的生物群颇为重要。因为第一，这些生物具有工业和医药价值，它们将成为新型化合物的来源；第二，这些微生物中，也许包括原始的生命形式，这将有助于揭开人类生命起源的奥秘。

现在，越来越多的海洋生物学家确信，海底热喷口也许是在我们这个星球上研究生命起源最好的实验室。

## 错误的断言

1840年，英国生物学家弗布斯断言，深海不可能有生物存在。弗布斯讲得十分具体，即在大海的560米水深左右，生物恰如在火中及在真空中一样无法生存。弗布斯还将水深大于560米的海域称为"无生物带"。弗布斯的理论立刻得到许多知名学者的响应。弗布斯的这一理论在几十年后终于被否定，否定这个理论的不是别人，而是事实。

1869～1870年，英国爱丁堡大学的汤姆教授率领海洋调查船对海洋生物进行了调查研究。在此次海洋调研中，以汤姆教授为首的研究组在2,000多米的深海中采集到许多生物。19世纪末，摩纳哥的阿尔贝一世借助拖网，在6,100米水深处打捞到一条鱼和几只海星，还有其他一些小的海洋生物。这一事实表明：深海中存在生物。它彻底地推翻了弗布斯提出的深海无生物的理论。

## 毕比看见了什么

70多年前，美国生物学家威廉·毕比乘坐一个大潜水球，成功地潜入1,000米的深海。这个潜水球直径1.5米，壁厚3.8厘米，重量2.45吨，球上设有3个观察窗，窗的直径为20厘米，窗上采用了厚度为7.6厘米的石英玻璃。通过潜水球逐渐下沉过程中的不断观察，毕比在水下看到窗外有什么生物呢？请看：

30米水深处：发现一大群褐色水母。

60米水深处：发现深海鱼。

60～90米水深处：发现一些"会飞"的生物，它们的身体有一层薄薄的外壳，扑打着一双肌肉般的翅膀，在海中"飞行"。

120米水深处：发现圆口鱼、灯笼

鱼等深海鱼。

180 米水深处：发现发光的深海鱼。

360 米水深处：发现身体细长，有金色尾巴的海蛇，同时小虾的数量增多。

420 米水深处：发现水母。

495 米水深处：发现一群闪着淡绿色光的灯笼鱼。

750 米水深处：发现一只水母。

870 米水深处：发现一条约 90 厘米长的细长鱼。这条鱼身上有许多亮斑，眼睛下有淡绿色的光。

……

近年来，随着海洋高科技的迅猛发展，人类已经可以进入 10,000 多米水深的洋底，在那里，借助于安装在艇外的摄像头，研究人员从屏幕观察到海蛞蝓、蠕虫和小虾。这表明：即使在最恶劣的海洋环境中，也有多种生命存在。

其实，海洋生物的种类远比陆地上多。据报道，海洋中的生物大约有 1 亿多种，大部分生存在海洋表面到 500 米水深的海洋空间中，因为在这个区域，海水中的氧气含量和营养物质比较丰富，还能照射到阳光。

事实表明，整个海洋空间中，生命无所不在。

# 黑暗生物圈

俗话说"万物生长靠太阳"。没有阳光，生命似乎不可能存在。然而，美国科学家的一次海底考察打破了这一传统观念。1997 年，一些美国科学家乘坐潜艇行驶在太平洋水下的一座海底山脊时，惊奇地发现：一些火山管正流出一种温度高达 350℃ 的黑色流体。在此附近的海域，他们发现了大量长达 1 米多的蠕虫，还有直径 30 厘米的巨蛤和一些奇怪的鱼。这是在 2,630 米水深的黑暗的海底世界，这里水的压力要比水面上高 263 倍，水温也很高，竟然还有一个巨大的生物群。这就是深海的"黑暗生物圈"。在 20 世纪 70 年代末，一些美国海洋科学家在黑暗的深海世界里，也发现过这种奇异的现象。那是在东太平洋海底近 100% 的高温环境下，他们发现了耸立在海底的"黑烟囱"，"黑烟囱"附近还生活着大量的动物和植物。据考察表明，生活在这些热液区的动物个体中，有长达 3 米、无消化器官、全靠硫细菌提供营养的蠕虫，还有特殊的瓣鳃类、蟹类等生物。近年，人们发现北冰洋的深海喷泉和墨西哥湾的海底热喷泉周围也有生物群，人们从各种海底喷泉周围已发现超过 600 种的新动物物种。

这些发现都生动地表明：在没有阳光的深海黑暗生物圈中，不仅有生命，而且有大量的生物群。"阳光是生命必要条件"的理论开始受到质疑。

美国科学家正在加紧研制大型深海考察潜艇，并准备对深海热泉进行全面考察研究。同时他们还向国际社会发出呼吁：要求设立深海热泉自然保护区。

为了揭开深海的奥秘，中国"大洋1"号海洋考察船于2005年4月初出发，对太平洋、大西洋、印度洋进行深海考察，其主要目的是探索生命的起源、热液矿藏、深海资源，整个航程历经300天左右，取得了丰硕成果。

## 海洋生物与"蛋白质宝库"

我国的海洋地跨温带、亚热带和热带3个气候带，气候条件得天独厚，所以我国的海洋生物资源极其丰富。我国的黄河、长江等河流每年将约4.2亿吨的无机营养盐类和有机物质席卷入海，为大海提供了丰富的养料，养育了种类繁多的海洋生物。目前已鉴定的我国海洋生物有20,278种，这些海洋生物隶属于5个生物界、44个生物门。其中动物界的种类最多（12,794种），原核生物界最少（229种）。我国海洋生物约占世界海洋生物总种数的10%。

海洋生物分为海洋哺乳动物、海洋爬行动物、海洋鸟类、海洋鱼类、海洋节肢动物、海洋软体动物、海洋腔肠动物、海洋植物。

海洋哺乳动物又叫海兽，如各种鲸类、海豚、海豹、海狮、儒艮等。我国现有各种海兽39种。

海洋爬行动物是指体被角质鳞片，在陆上繁殖的变温动物，如海龟、咸水鳄等。

海洋鸟类的种类不多，如红喉潜鸟、黑脚信天翁、海燕、小军舰鸟、海雀、白鹭、海鸥等。在我国海域，人们共记录了183种海鸟。

在我国海域里，目前已记录到海洋鱼类3,023种，其中软骨鱼类237种、硬骨鱼类2.786种，约占我国全部海洋生物种类的七分之一。

海洋节肢动物，如鲎、虾类、蟹类等。目前，在我国海域共记录到节肢动物4,362种，约占我国海域全部海洋生物物种的五分之一。

海洋软体动物，如石鳖、贻贝、珍珠贝、扇贝、牡蛎、文蛤、乌贼、章鱼等。在我国海域共记录到各类软体动物2,557种，约占我国海域全部海洋生物物种的1/8。

目前，在我国海域记录到的各种海洋腔肠动物共计1,010种，它们分属于腔肠动物门的三个纲。

海洋植物由低等的藻类植物和高等的种子植物组成。

若将所有的海洋生物全部介绍一遍，几乎是不可能的。在此仅向大家介绍一些有趣的海洋生物，以对精彩纷呈的海洋生物有个大概的印象。

美丽的蝴蝶鱼是热带鱼的一种，最大的蝴蝶鱼身长可超过30厘米，如细纹蝴蝶鱼。蝴蝶鱼身体侧扁，适宜在珊瑚丛中来回穿梭，它们能迅速而敏捷地消失在珊瑚枝或岩石缝隙里。

蝴蝶鱼得天独厚的体形,令它们可以自如地潜入珊瑚洞穴去捕捉无脊椎动物。

虎鲸身体强壮,凶狠残暴,它是海中的"暴徒"、"杀手"。虎鲸行动敏捷,游泳迅速,时速可达 55.6 千米,远比世界奥运会游泳冠军游得快。海洋生物无论大小,一旦遇到虎鲸便难以脱生。雄虎鲸游泳时,高达 1.8 米的背鳍突出于水面上,就像古代武器——戟在海面上倒竖着,因此虎鲸有"逆戟鲸"的别名。

海豚是最聪明的动物。如果用动物的脑占其身体重量的百分比来权衡动物的聪明程度,那么海豚仅次于人,名列猴子之前。有些技艺,猴子要经过几百次训练才能学会,而海豚只需学二十几次就行了,聪明的海豚在许多著名的海洋馆中的表演,常常令人们惊叹不已。

海豹体长约 1.5~2 米,最大的雄海豹体重达 150 千克,雌海豹略小些,体重约 120 千克。我国辽宁省盘山河口及山东庙岛群岛等地,都屡有大群海豹出没。海豹的潜水本领很高,一般可潜到 100 米左右,在水深的海域,还可以潜到 300 米,在水下可持续 23 分钟。海豹游泳的速度也很快,时速可达 27 千米。海豹主要捕食各种鱼类和头足类,有时也吃甲壳类。它的食量很大,一头体重 60 千克左右的海豹,一天要吃 7~8 千克的鱼。

你看,海洋中的腔肠动物,它们的最大特点是具有刺细胞,且触手特别多,遍布于体表。触手是海洋腔肠动物最敏感的部位。

弹涂鱼也很有趣,它的左右两个腹鳍合并成吸盘状,能吸附于其他物体上,发达的胸鳍呈臂状,很像高等动物的附肢。遇到敌害时,弹涂鱼的行动速度比人走路还要快。生活在热带地区的弹涂鱼在低潮时为了捕捉食物,常在海滩上跳来跳去,更喜欢爬到红树的根上面去捕捉昆虫吃。因此,人们称弹涂鱼为"会爬树的鱼"。

有的海洋生物小得惊人,如浮游藻类,身体直径一般只有千分之几毫米,要在显微镜下才能看清它们的模样,但形状各异,有纺锤形、扇形、星形的,有椭圆形、卵形和圆柱形的,另外还有树枝状的。

红藻的藻体呈紫色或紫红色,大多数为多细胞,由丝状、片状和分枝状组成。它们也形态各异,有圆形、椭圆形、带形。红藻多数喜居深海,少数种类可在 200 米的海底生长,红藻的种类约有 2,500 多种。

无数的海洋生物使海洋成了一个巨大的"蛋白质宝库"。目前世界上各大海域的捕鱼量数以千万吨计,只要保护得当,海洋每年可向人类提供的蛋白质相当于全球耕地生产能力的千倍。海洋有能力每年向人类提供 30 亿吨高蛋白的水产品,至少可供 300 亿人食用。我国近海共有渔业水域 280 多万平方千米,有许多重要渔场,

平均每平方千米的捕捞量约 2.8 吨。中国有悠久的海洋渔业发展史,积累了丰富的经验。我国主要渔业资源有带鱼、黄花鱼、对虾、鲆鱼等。中国的渔业发展坚持以养为主,捕、养、加工并举的方针,而且特别重视发展海水养殖业和水产品加工业。1997 年,全国海洋水产品总产量2,176万吨,其中海洋捕捞产量1,385 万吨,养殖产量791 万吨,总产值1,568亿元,是世界第一渔业大国。目前,我国年人均水产品消费约 26 千克,其中 16 千克来自海洋。